主编　　中国建设监理协会

中国建设监理与咨询

29

2019 / 4
总第29期

CHINA CONSTRUCTION
MANAGEMENT and CONSULTING

中国建筑工业出版社

图书在版编目（CIP）数据

中国建设监理与咨询 29 / 中国建设监理协会主编.—北京：中国建筑工业出版社，2019.11
ISBN 978-7-112-17297-9

Ⅰ.①中… Ⅱ.①中… Ⅲ.①建筑工程—监理工作—研究—中国 Ⅳ.①TU712.2

中国版本图书馆CIP数据核字（2019）第269346号

责任编辑：费海玲 焦 阳
责任校对：王 烨

中国建设监理与咨询 29

主编 中国建设监理协会

*

中国建筑工业出版社出版、发行（北京海淀三里河路9号）
各地新华书店、建筑书店经销
北京雅盈中佳图文设计公司制版
天津图文方嘉印刷有限公司印刷

*

开本：880×1230毫米 1/16 印张：$7^1/_2$ 字数：300千字
2019年12月第一版 2019年12月第一次印刷
定价：**35.00**元
ISBN 978-7-112-17297-9
（35053）

（邮政编码 100037）

编辑部

地址：北京海淀区西四环北路 158 号
慧科大厦东区 10B

邮编：100142

电话：（010）68346832

传真：（010）68346832

E-mail：zgjsjlxh@163.com

中国建设监理与咨询

目录 CONTENTS

行业动态

中国建设监理协会六届三次常务理事会在长春市召开　6
全国建设监理协会秘书长工作会议在重庆市召开　7
中国建设监理协会设立工程监理改革试点工作专家辅导组　7
中国建设监理协会会长王早生一行到吉林调研　7
中国建设监理协会会长王早生一行到上海调研　8
中国建设监理协会副会长兼秘书长王学军一行到新疆调研　8
西部地区监理协会秘书长工作恳谈会第十三次会议在新疆召开　8
“监理行业标准编制导则”课题组在苏州召开第二次工作会议　9
“房屋建筑工程监理工作标准”课题组工作会议在南京召开　9
广西与江苏两地监理协会缔结友好协会暨工程监理企业信息化建设交流会顺利召开　9
河南省召开郑州地区诚信自律工作会议　10
北京市建设监理协会举办“全过程工程咨询和监理行业发展”大型公益讲座　11
河北省建筑市场发展研究会召开工程监理改革试点工作座谈会　11
河南省协会到广东省调研交流　11
浙江省首批全过程工程咨询业务培训班圆满结束　12
山东省建设监理协会召开第一届专家委员会成立大会　12
陕西省召开全过程工程咨询工作推进会　12
广东省建设监理协会举办安全月活动专题讲座　13
内蒙古印发《内蒙古自治区工程建设全过程咨询服务导则（试行）》《内蒙古自治区工程建设全过程咨询服务合同（试行）》　13
天津市建设监理协会组织召开“建筑防水质量提升和建筑修缮”培训技术交流会　13
云南省房屋市政工程监理报告制度宣贯培训会在昆明召开　14
贵州省建设监理协会召开全过程工程咨询试点项目现场观摩交流会　14
深圳市住房和建设局举办“发挥监理作用，共促安全生产”专题论坛　14

政策法规消息

2018 年建设工程监理统计公报　15
2019 年 8 月开始实施的工程建设标准　16
2019 年 6 月 21 日至 8 月 31 日公布的工程建设标准　17
政策消息摘要　18

本期焦点：第十七期“十三五”万名总师（大型工程建设监理企业总工程师）培训班在大连举办

不忘监理初心 积极转型升级　努力促进建筑业高质量发展

——在“住建部‘十三五’万名总师（大型工程建设监理企业总工程师）首期培训班”上的讲话 / 王早生　23
关于印发中国建设监理协会 2019 年下半年工作安排暨王早生会长在全国建设监理协会秘书长工作会议上讲话的通知　27
中国建设监理协会 2019 年度第三期“监理行业转型升级创新发展业务辅导活动”在山西举行　30
王学军副会长兼秘书长在监理行业转型升级创新发展业务辅导活动的总结讲话　30

专家讲堂

准确理解全过程工程咨询 努力提升集成化服务能力 / 刘伊生　32
全过程工程咨询的实践探索 / 杨卫东　徐阳　李欣然　37

监理论坛

浅谈工程结算审核的要点 / 石晶　44
钢结构工程的监理要点 / 朱刚卉　48
浅谈深基坑支护与土方开挖工程监理控制 / 段永霞　52
浅析建筑围护系统节能监理控制 / 孙润　55
房屋建筑工程防渗漏要求及节点工艺做法 / 张如意　60
浅谈市政排水管道施工中常见问题及防治 / 王刚　67
浅谈 BIM 技术应用监理日常工作 / 施黄凯　69
跳仓法施工原理及技术分析 / 李秋萍　73

项目管理与咨询

建设项目全过程工程管理流程模型的探讨 / 方硃　76
监理企业转型全过程工程咨询的探索　81

企业文化

浅谈如何使现场监理工作发挥重大作用 / 忻欣　83
监理企业技术研发工作的探索与实践 / 邱佳　尹虎　黄煜楷　87

创新与研究

装配式建筑设备管线设计、施工、监理实施要点的研究 / 张莹　90
关于成品房精装设计思考 / 夏豪　93
大型商业综合体项目监理体会 / 张立新　申炳昕　95
创优工程的监理体会 / 王振君　98

中国建设监理协会六届三次常务理事会在长春市召开

2019年7月9日，中国建设监理协会在吉林省长春市召开六届三次常务理事会。吉林省住房和城乡建设厅副厅长范强到会并致辞，会长王早生，副会长兼秘书长王学军，副会长商科、李明安、李伟、麻京生、李明华、陈贵、雷开贵、孙成，副秘书长温健到会，中国建设监理协会常务理事及有关地方和行业专业委员会会长60余人参加了本次会议。会议由王学军副会长主持。

首先，范强副厅长会议致辞，他指出工程监理是保证工程质量安全的重要一环，是实现建筑业高质量发展的有力保证。吉林省建设监理协会成立20多年来，取得显著的成绩，协会坚持“双向服务”宗旨，充分发挥“桥梁和纽带”作用，积极构建行业自律机制，不断改进服务方式，推动行业诚信体系建设，推进全过程工程咨询试点，做了大量卓有成效的工作，有力促进了全省建设监理行业持续健康发展。

王早生会长作“中国建设监理协会2019年上半年工作情况和下半年工作安排”的报告。

他强调在住房城乡建设部指导下，协会秘书处上半年紧紧围绕协会建设、会员管理、服务会员、促进行业发展等四方面组织开展工作。

2019年下半年有十项工作安排，王早生会长就重点工作进行了强调说明：

一是积极配合主管部门开展工程监理改革工作，希望有条件的地方、行业协会可以从监理行业当前问题、行业发展需要、承担社会责任等方面提出切实可行的改革方案。

二是积极开展课题研究和启动课题转换团标工作，加快监理行业标准的制定，增加监理行业标准的有效供给，稳步推进监理工作标准化、规范化发展。

三是协会应积极主动地开展各项工作，各地方和行业协会应充分发挥协会的主观能动性，主动开展工作，不断扩大协会的影响力，为监理行业的发展提供有力支撑，要结合实际，开展“不忘初心，牢记使命”主题教育等活动。

协会2019年委托的六个课题组：“深化改革完善工程监理制度”“房屋建筑工程监理工作标准”“监理工作工（器）具配备标准”“监理行业标准的编制导则”“中国建设监理协会会员信用评估标准”和“BIM技术在监理工作中的应用”，分别介绍了研究进展情况。

会议审议通过了“中国建设监理协会2019年上半年工作情况和下半年工作安排”的报告、“中国建设监理协会关于设立工程监理改革试点工作专家辅导组的报告”“中国建设监理协会关于发展单位会员的报告（审议稿）”和“中国建设监理协会关于调整、增补理事的报告（审议稿）”。

最后，王学军副会长作了会议总结，并指出下半年工作涉及监理改革试点、理论研究、业务辅导、行业宣传、经验交流、诚信体系建设、会员表扬等项工作，任务很重，相信在大家共同努力下能够圆满完成。同时对接下来的工作提出以下几点意见：一是正确认识当前监理改革形势；二是积极推进全过程工程咨询服务；三是跟上时代步伐创新发展；四是坚定行业发展信念。

全国建设监理协会秘书长工作会议在重庆市召开

2019 年 7 月 12 日，全国建设监理协会秘书长工作会议在重庆市召开。会长王早生、副会长兼秘书长王学军，副会长雷开贵、麻京生、商科、李明安，副秘书长温健、王月到会，各地方建设监理协会、有关行业建设监理专业委员会及分会 60 余人参加了本次会议。会议由温健副秘书长主持。

王早生会长作了讲话，肯定了秘书处的工作并强调了秘书处的重要性，并提出了殷切希望。王学军副会长兼秘书长作了“中国建设监理协会 2019 年上半年工作情况和下半年工作安排”的报告。协会联络部对个人会员服务与管理工作中的有关事项进行了说明，并报告了协会对会员诚信管理平台建设的工作设想。

会议交流了部分地方协会的工作情况。重庆市监理协会注重行业自律管理和创新发展，研发了“行业自律信息共享平台”，通过实行自律检查，促进监理能力和水平的提高。湖北省建设监理协会用担当诠释初心，用奋斗承载使命，在“放、管、服”改革中凸现协会公共服务能力。江苏省建设监理协会在稳步发展的同时，注重课题研究和人才培养，较好地促进了行业健康发展。

中国建设监理协会设立工程监理改革试点工作专家辅导组

为配合住房和城乡建设部做好“放、管、服”改革，完善工程监理管理体制机制，进一步明确工程监理职责，充分发挥工程监理的作用，保障工程质量安全，推动建筑业高质量发展，经中国建设监理协会六届三次常务理事会审议通过，设立工程监理改革试点工作专家辅导组。

中国建设监理协会会长王早生任组长，同济大学教授丁士昭任顾问，王学军、修璐、刘伊生、杨卫东任副组长。专家辅导组下设工程监理改革办公室，温健兼任办公室主任，宫潇琳任办公室副主任。

中国建设监理协会会长王早生一行到吉林调研

2019 年 7 月 9 日，中国建设监理协会会长王早生、副会长兼秘书长王学军一行到吉林省建设监理协会进行调研，就吉林省建设监理行业发展工作和全过程工程咨询开展情况进行座谈。吉林省质监站站长贾忠军、吉林省建设监理协会副会长兼秘书长安玉华及企业代表参加本次座谈会。

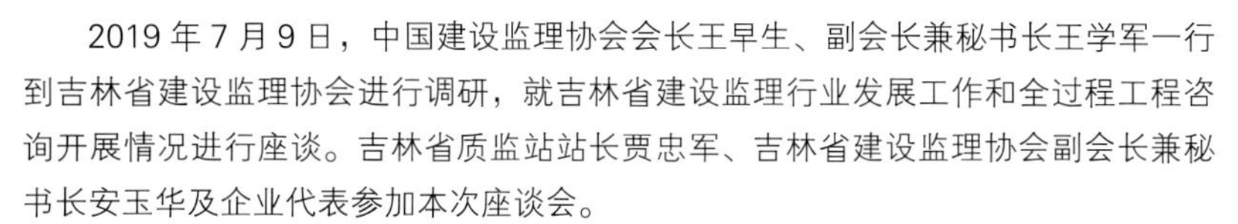

参加座谈的监理企业分别就监理职责定位、如何发挥监理作用，如何在市场化、法制化、国际化形势下履行监理职能、保障工程质量安全，以及对在招投标管理、资质管理、分公司挂证、监理企业转型升级等方面的经验和遇到的问题进行了交流和探讨。

王早生会长对吉林省建设监理协会的工作和取得的成绩表示充分肯定。就行业存在的问题，王早生会长认为要正视问题，坚持问题导向和目标导向，明确监理前进方向，促进行业健康发展。

王学军副会长指出，第一监理制度不可替代，同时也需要改革发展；第二建设行政主管部门正围绕提升监理地位、明确监理职责、保障监理合理收入和监督权等方面推进监理改革发展；第三是企业要提升员工综合素质工作，要做好战略定位，寻求长足发展；第四是要不断规范工程监理行为和工程管理咨询工作，提高履职能力和服务质量，克服阻碍行业发展的问题和矛盾，推进工程监理行业高质量发展。

中国建设监理协会会长王早生一行到上海调研

2019 年 7 月 21 日下午，中国建设监理协会会长王早生一行到上海市建设工程咨询行业协会调研。上海协会监理专业委员会主任委员龚花强、项目管理委员会主任委员郑刚、专家委员会主任委员杨卫东、自律委员会主任委员刘永新、行业发展委员会主任委员张强等部分副会长参加调研座谈。

徐逢治秘书长就中国建设监理协会委托的课题“《住房城乡建设部关于促进工程监理行业转型升级创新发展的意见》（建市〔2017〕145 号）实施情况评估”阶段性研究成果作专题汇报。

与会者提出一方面要深入挖掘监理企业转型发展的典型案例，尤其在全过程工程咨询、专业化服务、科技化信息化发展等方面总结经验；另一方面可以通过本次课题关注中小企业的生存现状，为它们的持续经营和科学发展指明方向。

王早生会长强调，监理行业的生存发展需要行业协会和骨干企业的责任担当来共同推动，上海尤其要发挥中心城市的巨大资源和辐射作用，为开展数据研究、加强企业交流、树立模范标杆等方面作出积极贡献。

中国建设监理协会副会长兼秘书长王学军一行到新疆调研

2019 年 8 月 6 日，中国建设监理协会副会长兼秘书长王学军一行到新疆建筑业协会工程建设监理分会进行调研。工程建设监理分会会长任杰、秘书长田集伟及企业代表参加本次座谈会。

任杰会长介绍了新疆建设监理行业发展的基本情况和分会换届以来的工作情况。参加座谈的监理企业分别从监理企业发展中遇到的新问题、监理行业如何改革发展以及行业协会如何更好地服务会员等方面进行了深入的交流和探讨。

副会长兼秘书长王学军对新疆建筑业协会工程建设监理分会的工作和取得的成绩表示了充分肯定，指出监理在保障工程质量安全方面确实发挥了不可替代的作用，但监理要想进一步发展，行业改革是势在必行的。指出当前监理发展还存在一些问题，希望大家共同努力，提升信息化管理水平，以科技服务手段来提升监理地位，建立健全法律法规，不断规范工程监理行为和工程管理咨询工作，推进工程监理行业高质量发展。

西部地区监理协会秘书长工作恳谈会第十三次会议在新疆召开

2019 年 8 月 15 日，由新疆维吾尔自治区建筑业协会监理分会主办的西部地区建设监理协会秘书长工作恳谈会第十三次会议在新疆乌鲁木齐召开，陕西、贵州、甘肃、宁夏等 10 个西部地区省（市、自治区）监理协会会长、秘书长及企业代表参会。新疆维吾尔自治区住建厅监管处处长岳利强、中国建设监理协会副会长商科、中国建设监理协会副秘书长吴江等出席了会议，新疆维吾尔自治区建筑业协会监理分会会长任杰主持会议。

会议就如何推动全过程工程咨询展开讨论，资金不足、人才匮乏是影响西部地区全过程工程咨询发展缓慢的主要因素，当前监理行业发展要务是人才培养，以提高监理人员专业能力和素质为抓手，提高监理行业服务水平，找到理想的市场定位。各省市的监理协会要坚持“不忘初心，牢记使命”，扎实、认真地为企业服务。

监理大师张百祥讲解了陕西省全过程工程咨询业务开展情况；新疆天衡信息系统咨询管理有限公司王大鹏总经理分享“互联网 + 流程管控”提升监理企业能力。

（新疆维吾尔自治区建筑业协会监理分会班琴　供稿）

“监理行业标准编制导则”课题组在苏州召开第二次工作会议

2019 年 8 月 19 日至 20 日，“监理行业标准编制导则”课题组在苏州召开了第二次工作会议，课题组全体成员参加了会议，河南省建设监理协会常务副会长兼秘书长孙惠民主持会议，苏州市建设监理协会会长蔡东星致欢迎词，中国建设监理协会副秘书长温健出席会议并对课题编制工作提出了要求。

本次会议围绕前期编写的阶段性成果，逐条讨论了导则的内容，对课题调研情况进行了总结和分析，重点就课题的适用范围、课题名称的准确性、条文表述的规范性、各章节的整体协调性等问题进行了深入的讨论，并形成统一意见，制定了下一阶段工作计划并明确了相关要求。课题组将按照会议形成的统一意见对初稿进行调整和修改，按计划完成工作任务。

（河南省建设监理协会耿春　供稿）

“房屋建筑工程监理工作标准”课题组工作会议在南京召开

2019 年 6 月 30 日，中国建设监理协会“房屋建筑工程监理工作标准”课题组工作会议在南京召开。课题组成员、监理行业专家参加会议，会议由课题负责人、中国建设监理协会副会长、江苏省建设监理协会会长、江苏建科工程咨询有限公司董事长陈贵主持。

课题组各成员、监理行业专家对“房屋建筑工程监理工作标准”大纲目录进行了广泛的讨论，尤其对房屋建筑工程监理工作标准的范围、履行建设工程安全生产管理职责、突出房屋建筑工程专业特点等方面进行了更深入的交流，并对课题研究工作提了看法和建议。

广西与江苏两地监理协会缔结友好协会暨工程监理企业信息化建设交流会顺利召开

2019 年 7 月 4 日上午，广西建设监理协会与江苏省建设监理协会缔结友好协会暨工程监理企业信息化建设交流会在广西南宁市顺利召开。江苏省建设监理协会陈贵会长一行 10 人出席，本会负责人及企业代表 80 多人参加了本次交流会。

会上，广西建设监理协会会长陈群毓和江苏省建设监理协会会长陈贵正式签订“缔结友好协会协议书”。双方本着“相互协作、开放共享、服务行业、共谋发展”的原则，两地监理协会今后将通过建立合作交流关系，相互通报技术创新及科技管理成果，以两地对接企业的交流活动为支点，推动企业间的省级管理成果的实现，推动两地行业文化交流等方面进行深入的交流与合作。

与会者一致认为监理企业的信息化是规范优化监理企业管理模式，提高监理企业核心竞争力的主要途径。要充分实现监理企业的信息化，就要是监理企业各方面的所需要的信息实现充分的共享。因此，构建一个信息化平台，实现信息共享是监理企业信息化解决方案的关键。

（广西建设监理协会黄华宇　供稿）

河南省召开郑州地区诚信自律工作会议

2019年7月17日下午，河南省建设监理行业诚信自律委员会召开了郑州地区诚信自律工作会议，第一、二、三、四诚信自律小组负责人出席会议，部分诚信自律委员会的委员应邀出席了会议。

会议重申了“建秩序、强自律、重服务、促发展”的诚信自律基本原则，表明了坚持并强力推进“重点关照”和“差异化管理”两项诚信自律手段的坚定决心，对近期郑州市监理市场出现的不正常价格竞争的情况进行了分析。

会议认为，郑州市监理市场重点项目多，建筑体量大，郑州市的监理市场竞争秩序备受其他17个诚信自律小组和全省监理企业的关注，对郑州市监理市场诚信自律工作的信心，也是对河南省建设监理行业诚信自律工作的信心，不容出现任何闪失。近两年来，在郑州地区全体监理企业的共同努力下，郑州市的监理市场逐步规范，不合理低价竞争的现象持续减少，在保证基本服务价格的前提下，监理公司通过“竞服务不竞价格”的品质理念去中标，监理的履职能力和服务质量得到了社会和有关部门的认可和表扬，现场监理发挥了不可替代的作用。

会议强调，为监理从业人员提供良好的培训和福利待遇，保证监理从业人员的待遇水平稳中有升，保证现场监理从业人员的数量配置和专业配套，保证现场监理管控体系的有效运行。实际工作中方方面面都需要成本费用，没有基本的服务收费，法律法规和监理合同赋予监理的职责就不可能得到全面履行，扬尘管控以及其他附加工作也不可能做到令政府主管部门满意。

会议强调，积累和发展相生相伴，保证基本的服务收费，是行业健康发展和企业做强做大的前提和基础，事实证明，靠低价竞争谋取发展的企业走不远，做不强，不仅拉低了全行业的地位和形象，现场监理也不可能起到有效的作用，“坑业主、饿同行、害自己”，结果必然是多方共输。当前的监理收费价格水平依然是参考2007年670号文的监理收费标准，大致是在控制价的基础上打8折，甚至有些项目的监理收费价格还低于12年前的这个收费标准，考虑到物价水平和运营成本的不断上升，监理的服务价格并没有同步提升。甚至个别业主用最低价中标的评标方法去选择监理服务，然后去指责监理不起作用，他们忽略了一个基本的常识：咨询服务如果没有合理的费用，不可能有优质的服务。

会议强调，近期“郑东新区天府路以东科学大道地道及两侧道路工程监理”开标公示中，在招标控制价很低的情况下，12家监理单位的投标价格仍然在控制价的8折以下，涉嫌以减少监理服务内容、降低监理服务质量等方式不合理低价竞争，对郑州市监理市场的竞争秩序造成冲击，破坏了行业诚信自律的互信和共识，打破了好不容易建立起来的平衡态势，引起了行业对其能否履职尽责的担忧。

会议建议：一、各诚信自律小组分别约谈12家监理企业负责人，了解具体情况，听取解释；二、各诚信自律小组，务必负起责任，担起使命，组织组内成员开展形式多样的交流活动，凝聚共识，建立互信；三、将有关监理企业和项目监理机构分别列入“差异化管理”和“重点关照”名单；四、诚信自律委员会成立检查组，依照诚信自律公约的规定对项目监理机构的履职情况进行检查并通报；五、将有关监理企业的诚信自律表现上报协会秘书处，在年底诚信建设评选中转交评委会，对违规行为整改没有正向明确结果的单位实行“一票否决”；六、对外省进豫企业，协会发函至其工商注册地的省级监理行业协会，通告其在豫诚信自律行为，建议约束其会员的在豫市场行为。

北京市建设监理协会举办“全过程工程咨询和监理行业发展”大型公益讲座

2019 年 6 月 5 日，北京市建设监理协会举办 2019 年第一期大型公益讲座。解读“全过程工程咨询”有关文件和概念，分析监理行业发展趋势。128 家会员单位的主要负责人共计 270 余人参加讲座，李伟会长主讲。

李伟会长宣讲了全过程工程咨询概念的提出，解读了国务院、住建部、发改委发布的 5 个文件，总结归纳了全过程工程咨询是建设单位委托，包含项目决策、实施运营、设计监理咨询服务等有关具体内容；阐述了全过程工程咨询的发展现状和问题；指出了全过程工程咨询的其他问题，责任边界、项目主持人的能力、取费标准、规程规范的制定等；在倡导全过程工程咨询的大环境下，面临发展机遇，监理单位如何把握、如何发展自己、如何提升自己；提出应对措施和建议，包括“减量发展”、推行标准化，提升监理人员职业水平、运用信息化手段、引进人才。

（北京市建设监理协会石晴　供稿）

河北省建筑市场发展研究会召开工程监理改革试点工作座谈会

河北省建筑市场发展研究会成立河北省工程监理改革试点工作专家组。河北省住建厅委托河北省建筑市场发展研究会研究本省工程监理改革试点工作，起草“河北省工程监理改革试点工作方案”。

2019 年 7 月 16 日，河北省建筑市场发展研究会召开河北省工程监理改革试点工作座谈会。监理专家委员会主任张森林，特聘专家王亚东，专家委员申禧、秦有权、邵永民、吴志林、陈国江、冯建杰、方新党、刘志勇、穆彩霞等 11 人参加会议。

会议指出第一在深化工程监理改革的关键时刻，希望本省监理行业抓住机遇，以工程监理改革为契机，以质量、安全监管为切入点，以现行法律、法规为依据，以巩固监理地位为目的，以全面开创本省监理行业发展新局面为最终目标，积极推动河北省监理改革；第二是大力推行全过程工程咨询服务，鼓励监理企业积极为市场各方主体提供专业化服务；第三是打铁还需自身硬，改革是自我革命，监理企业要勇于承担质量、安全责任，要加强管理，加强从业人员专业知识学习，储备高智能人才，迎接监理改革；第四是鼓励企业开展“智慧监理”，在监理工作中利用 BIM 技术、无人机技术、远程监控信息化技术等开展“智慧监理”，提高工程监理实效，保证工程建设项目质量、安全；第五是充分发挥专家的作用，深入调研，全面梳理行业现状，找准监理行业发展堵点、痛点，精准实策，提出监理改革建议；深入研究质量、安全监理费的监管，实现“竞服务不竞价”，以高品质服务赢得市场各方主体认可；第六是根据本省具体情况，制定“河北省工程监理改革试点方案”要充分考虑改革的系统性，制定阶段性目标，试点先行，突出监管，切实分担政府监管责任，为河北省监理行业健康、协调、可持续发展作出新贡献。

河南省协会到广东省调研交流

2019 年 8 月 16 日上午，河南省建设监理协会孙惠民副会长等一行 4 人到访广东省建设监理协会，就如何改进培训工作和提升培训效率进行专题调研交流。协会会长孙成、副秘书长邓强出席调研座谈会。

双方就信息化系统建设、创新服务模式、打造协会标杆品牌及社会公信力、为政府建言献策、为会员单位排忧解难、培训制度、培训模式、培训质量、培训效果等问题进行了广泛深入探讨。强调培训是协会一项非常重要的工作，关乎行业素质的整体提升，对培训工作应解放思想，创新工作方式，为会员单位提供优质服务，充分满足会员单位日益增长的培训需求，并希望今后粤豫两省协会进一步加强沟通及经验交流，共同推动监理行业的健康发展。

浙江省首批全过程工程咨询业务培训班圆满结束

浙江省全过程工程咨询与监理管理协会举办的浙江省首批全过程工程咨询业务培训，历时 2 个月，分 8 期进行，培训于 2019 年 7 月 1 日顺利结束。本次培训吸引了浙江省各类工程咨询、监理、造价咨询等企业共 1929 人报名参加。

本次培训，邀请浙江省内各领域资深专家，就投资咨询、报批报建、合约管理、招标采购、投资控制、设计技术管理等内容进行了系统介绍，同时结合相应的全过程工程咨询实例，对如何做好全过程工程咨询进行了详细讲解。本次培训获得了广大学员的充分肯定。大家表示，通过本次学习加深了对做好全过程工程咨询的意义认识，强化了对全过程工程咨询的理解，基本了解了全过程工程咨询需要掌握的相关知识。培训对提升广大学员做好全过程工程咨询的业务能力起到了重要作用。

山东省建设监理协会召开第一届专家委员会成立大会

2019 年 7 月 14 日上午，山东省建设监理协会第一届专家委员会成立大会在烟台市召开，烟台市住建局副局长林涛、建管科科长张世鹏应邀出席大会，山东省监理协会理事长、监事长等领导出席，山东省专家委员代表 60 余人参加大会。

大会宣布了山东省监理协会第一届专家委员会组织机构及成员，通过了《山东省建设监理协会专家委员会管理办法》；部署了今年下半年专家委员会的重点工作，修订监理培训教材、从业人员岗位工资状况分析与发布、编制山东监理工作标准研究课题，并分课题组讨论形成初步方案。

（山东省建设监理协会　供稿）

陕西省召开全过程工程咨询工作推进会

2019 年 7 月 5 日，陕西省住房和城乡建设厅主办、陕西省建设监理协会承办的“陕西省全过程工程咨询工作推进会”在中国建筑西北设计研究院有限公司隆重召开。参加会议的有陕西省住建厅处长郑海平，陕西省监理协会商科会长、省造价协会副会长邓立俊，中建西北院赵政纪委书记、中建西北院院长助理杨忠等领导。

陕西省全过程工程咨询第一、二批试点企业及 200 余名代表参会，监理大师张百祥主持。

4 家试点企业分别介绍了“援牙买加孔子学院教学楼”全过程工程咨询试点项目经验，分享“项目管理 + 专业咨询”、做细考察、因地制宜、强化计划管理、应急管理、推广中国标准等服务经验；“陕西建筑工程职业技术学院Ⅰ期工程”通过优化设计、控制投资等服务，获得建设单位委托，总结项目管理经验；“大兴新区第二学校”全过程工程咨询试点项目报建、优化设计、完善功能、节约投资、按期开学都离不开“筑术云”信息化平台支撑的经验；“幸福林带全过程工程咨询”“幸福林带”全新设计理念，通过 PPP+EPC 使这一超大体量建筑综合体项目落地开工，BIM 技术应用和易营协同信息化平台实现了现场管理从信息提供者——决策跟踪者——项目管理者——技术支持者的转化，使超大体量建筑综合体获得、利用、决策、执行全面真实信息成为现实。

（通讯员　吴月红）

广东省建设监理协会举办安全月活动专题讲座

广东省建设监理协会于2019年7月2日在东莞举办安全月活动专题讲座。协会会员企业的技术负责人、总监理工程师、总监理工程师代表等相关人员共190多人参加会议。本次专题讲座特邀广州市建设工程安全监督站副站长、总工程师陈熙作建设工程安全生产管理和典型案例主题分享。会议由协会副秘书长邓强主持。

邓强副秘书长就协会近期针对监理企业在安全责任方面遇到的普遍性问题和意见，提出了相关的解决办法：

一、针对监理企业在安全管理中责权利方面涉及定位的问题，协会已组织律师团队和专家顾问团队进行法律课题调研。通过厘清定位，发挥监理在安全管理中的积极作用；

二、协会积极做好监理企业与政府主管部门的桥梁与纽带工作，促进监理行业良性健康发展；

三、加大会员企业的内部培训力度，提高监理从业人员素质，提升监理企业的内部核心竞争力，扩大监理行业的正面社会影响力。

内蒙古印发《内蒙古自治区工程建设全过程咨询服务导则（试行）》《内蒙古自治区工程建设全过程咨询服务合同（试行）》

为贯彻落实《国务院办公厅关于促进建筑业持续健康发展的意见》《住房和城乡建设部关于开展全过程工程咨询试点工作的通知》《国家发展改革委住房城乡建设部关于推进全过程工程咨询服务发展的指导意见》和《内蒙古自治区住房和城乡建设厅关于开展全过程工程咨询试点工作的通知》，进一步完善工程建设组织模式，提升工程建设质量和效益，推进内蒙古自治区工程建设全过程咨询服务健康发展，内蒙古自治区工程建设协会组织相关企业与行业内专家，参考其他省、市、自治区关于工程建设全过程咨询服务的相关政策文件，经市场调研、分析论证，结合自治区实际情况，制定了《内蒙古自治区工程建设全过程咨询服务导则（试行）》《内蒙古自治区工程建设全过程咨询服务合同（试行）》，自2019年8月20日起执行。

（内蒙古自治区工程建设协会石堂锋　供稿）

天津市建设监理协会组织召开“建筑防水质量提升和建筑修缮”培训技术交流会

为进一步加强工程质量常见问题的防治，提高防水工程质量水平，减少渗漏投诉，加强监理执业人员的现场管理能力，天津市建设监理协会联合北京东方雨虹防水技术股份有限公司召开建筑防水质量提升和建筑修缮培训交流会，会员单位的120余人参加培训交流会议。

中国建筑防水协会专家委员会专家曹洪征详细介绍了建筑防水材料及其属性、建筑工程防水技术原理、质量通病、体系选择；装配式建筑、成品住宅防水部位控制；简析了建筑防水节点构造、辅材、保护层等常见问题及建筑防水材料检测方法，并从技术、材料、设备、末端专家诊断等方面叙述了建筑修缮的先进技术。

云南省房屋市政工程监理报告制度宣贯培训会在昆明召开

2019 年 7 月 8 日上午，云南省房屋市政工程监理报告制度宣贯培训会在昆明召开。云南省属工程监理企业和省外入滇登记工程监理企业 530 余人参加。云南省住房城乡建设厅建筑市场监管处处长吴志勇、工程质量安全监管处处长刘玉林，云南省建设监理协会会长杨丽、支部书记兼副会长王锐等相关领导出席会议。

吴志勇处长作动员讲话。刘玉林处长强调第一是执行监理报告制度要全覆盖、不留死角；第二是执行监理报告制度要全方位、突出重点；第三是执行监理报告制度要一盘棋、形成合力。对云南省建设监理协会多年来在行业发展方面所作出的努力和取得的成效表示充分肯定。

杨丽会长作了“贯彻工程监理报告制度，加大质量安全管控力度”报告。王锐副会长详细解读《云南省房屋建筑和市政基础设施工程监理报告制度工作方案（试行）》。

贵州省建设监理协会召开全过程工程咨询试点项目现场观摩交流会

2019 年 8 月 4 日，贵州省建设监理协会在贵定卷烟厂新厂召开了全过程工程咨询试点项目现场观摩交流会。协会会长杨国华、副会长张雷雄、副会长张勤、秘书长汤斌、副秘书长高汝扬和协会专家委员会主任钟晖、副主任王伟星、副主任李富江，以及贵州省 17 家参与全过程工程咨询的工程监理企业有关负责人 40 余人参加了会议。

杨国华会长向与会人员介绍了协会全过程工程咨询委员会的筹建工作情况和全过程工程咨询经验交流会的准备工作情况，要求参与试点的企业认真总结试点工作，查找问题，寻求对策，让试点企业、试点项目真正成为监理行业转型升级先行者和领头羊。

贵州建工监理咨询有限公司向与会人员介绍了项目部以进度管理为主线、投资管理为核心、质量安全管理为基础的工作理念，并分别就项目概况、进度管理、采购管理、质量管理、安全管理、风险管理、造价管理、档案管理、工作台账和 BIM 应用情况等进行了讲解。

深圳市住房和建设局举办“发挥监理作用，共促安全生产”专题论坛

2019 年 6 月 27、28 日，深圳市住建局举办“发挥监理作用，共促安全生产”专题论坛。论坛由深圳市市政工程质量安全监督总站和深圳市监理工程师协会联合承办，深圳市工程监理行业纪委书记、深圳市监理工程师协会监事长黎锐文主持，市住建局质安处、市场处、市市政站、市质监站、市监理协会、市地铁集团、港铁咨询（深圳）公司等单位领导，以及全市 31 家监理企业代表共 120 人出席了论坛。

深圳市监理协会方向辉会长宣读了“党建引领，履职尽责，共促安全生产管理倡议书”，要求第一是要积极响应倡议，落实安全生产管理法定监理责任；第二是要加大危大工程监理力度，与相关各方携手共促安全生产；第三是要加大项目监理机构人财物等资源投入，不以低价竞标；第四是要加强从业人员培训，提升能力和水平，把监理打造成为政府实施工程质量安全监管的得力助手。

2018年建设工程监理统计公报

根据建设工程监理统计调查制度相关规定，我们对2018年全国具有资质的建设工程监理企业基本数据进行了统计，现公布如下：

一、企业的分布情况

2018年全国共有8393个建设工程监理企业参加了统计，与上年相比增长5.64%。其中，综合资质企业191个，增长15.06%；甲级资质企业3677个，增长4.02%；乙级资质企业3502个，增长11.78%；丙级资质企业1013个，减少8.49%；事务所资质企业10个，增长150%。具体分布见表1～表3：

全国建设工程监理企业按地区分布情况 表1

地区名称	北京	天津	河北	山西	内蒙古	辽宁	吉林	黑龙江
企业个数	329	121	321	229	166	295	190	218
地区名称	上海	江苏	浙江	安徽	福建	江西	山东	河南
企业个数	215	754	525	344	446	182	553	316
地区名称	湖北	湖南	广东	广西	海南	重庆	四川	贵州
企业个数	272	271	563	213	62	118	421	191
地区名称	云南	西藏	陕西	甘肃	青海	宁夏	新疆	
企业个数	176	9	428	195	75	65	130	

全国建设工程监理企业按工商登记类型分布情况 表2

工商登记类型	国有企业	集体企业	股份合作	有限责任	股份有限	私营企业	其他类型
企业个数	500	47	34	5117	370	2207	118

全国建设工程监理企业按专业工程类别分布情况 表3

资质类别	综合资质	房屋建筑工程	冶炼工程	矿山工程	化工成石油工程	水利水电工程
企业个数	191	6610	22	39	137	111
资质类别	电力工程	农林工程	铁路工程	公路工程	港口航道工程	航天航空工程
企业个数	376	16	51	39	6	8
资质类别	通信工程	市政公用工程	机电安装工程	事务所资质	□	□
企业个数	47	729	1	10		□

二、从业人员情况

2018年年末工程监理企业从业人员1169275人，与上年相比增长9.1%。其中，正式聘用人员806029人，占年末从业人员总数的68.93%；临时聘用人员363246人，占年末从业人员总数的31.07%；工程监理从业人员为787514人，占年末从业总数的67.35%。

2018年年末工程监理企业专业技术人员942803人，与上年相比增长3.09%。其中，高级职称人员143263人，中级职称人员404455人，初级职称人员223297人，其他人员171788人。专业技术人员占年末从业人员总数的80.63%。

2018年年末工程监理企业注册执业人员为310670人，与上年相比增长8.57%。其中，注册监理工程师为178173人，与上年相比增长8.68%，占总注册人数的57.35%；其他注册执业人员为132497人，占总注册人数的42.65%。

三、业务承揽情况

2018年工程监理企业承揽合同额5902.42亿元，与上年相比增长48.94%。其中工程监理合同额1917.05亿元，与上年相比增长14.36%；工程勘察设计、工程招标代理、工程造价咨询、工程项目管理与咨询服务、工程施工及其他业务合同额3985.37亿元，与上年相比增长74.29%。工程监理合同额占总业务量的32.48%。

四、财务收入情况

2018年工程监理企业全年营业收入4314.42亿元，与上年相比增长31.47%。其中工程监理收入1323.81亿元，与上年相比增长11.68%；工程勘察设计、工程招标代理、工程造价咨询、工程项目管理与咨询服务、工程施工及其他业务收入2990.61亿元，与上年相比增长42.66%。工程监理收入占总营业收入的30.68%。其中21个企业工程监理收入突破3亿元，59个企业工程监理收入超过2亿元，215个企业工程监理收入超过1亿元，工程监理收入过亿元的企业个数与上年相比增长23.56%。

（来源　住房城乡建设部网站）

2019年8月开始实施的工程建设标准

序号	标准编号	标准名称	发布日期	实施日期
国标				
1	GB 50013-2018	室外给水设计标准	2018/12/26	2019/8/1
2	GB 51343-2018	真空电子器件生产线设备安装技术标准	2018/12/26	2019/8/1
3	GB/T 51345-2018	海绵城市建设评价标准	2018/12/26	2019/8/1
4	GB/T 51342-2018	电子工程节能施工质量验收标准	2018/12/26	2019/8/1
5	GB 50229-2019	火力发电厂与变电站设计防火标准	2019/2/13	2019/8/1
6	GB 51354-2019	城市地下综合管廊运行维护及安全技术标准	2019/2/13	2019/8/1
7	GB/T 51353-2019	住房公积金提取业务标准	2019/2/13	2019/8/1
8	GB/T 50585-2019	岩土工程勘察安全标准	2019/2/13	2019/8/1
9	GB/T 51355-2019	既有混凝土结构耐久性评定标准	2019/2/13	2019/8/1
10	GB/T 50378-2019	绿色建筑评价标准	2019/3/13	2019/8/1
11	GB/T 51357-2019	城市轨道交通通风空气调节与供暖设计标准	2019/3/13	2019/8/1
12	GB/T 51330-2019	传统建筑工程技术标准	2019/4/9	2019/8/1
行标				
1	JGJ/T 462-2019	模板工职业技能标准	2019/4/19	2019/8/1
2	JGJ 26-2018	严寒和寒冷地区居住建筑节能设计标准	2018/12/18	2019/8/1
3	JGJ/T 477-2018	装配式整体厨房应用技术标准	2018/12/18	2019/8/1

2019年6月21日至8月31日公布的工程建设标准

序号	标准编号	标准名称	发布日期	实施日期
		国标		
1	GB/T 51340-2018	核电站钢板混凝土结构技术标准	2018/11/8	2019/5/1
2	GB 50160-2008	石油化工企业设计防火标准	2018/12/18	2019/4/1
3	GB/T 50548-2018	330kV～750kV架空输电线路勘测标准	2018/9/11	2019/3/1
4	GB/T 51365-2019	网络工程验收标准	2019/5/24	2019/10/1
5	GB/T 50597-2019	纺织工程常用术语、计量单位及符号标准	2019/5/24	2019/10/1
6	GB 51364-2019	船舶工业工程项目环境保护设施设计标准	2019/5/24	2019/10/1
7	GB/T 51317-2019	石油天然气工程施工质量验收统一标准	2019/5/24	2019/10/1
8	GB 51363-2019	干熄焦工程设计标准	2019/5/24	2019/10/1
9	GB/T 51362-2019	制造工业工程设计信息模型应用标准	2019/5/24	2019/10/1
10	GB 50425-2019	纺织工业环境保护设施设计标准	2019/5/24	2019/10/1
11	GB/T 51373-2019	兵器工业环境保护工程设计标准	2019/5/24	2019/10/1
12	GB/T 51372-2019	小型水电站水能设计标准	2019/5/24	2019/10/1
13	GB/T 50123-2019	土工试验方法标准	2019/5/24	2019/10/1
14	GB 51371-2019	废弃电线电缆光缆处理工程设计标准	2019/5/24	2019/10/1
15	GB/T 51376-2019	钴冶炼厂工艺设计标准	2019/6/5	2019/11/1
16	GB 51377-2019	锂离子电池工厂设计标准	2019/6/5	2019/11/1
17	GB 51370-2019	薄膜太阳能电池工厂设计标准	2019/6/5	2019/11/1
18	GB 51378-2019	通信高压直流电源系统工程验收标准	2019/6/5	2019/11/1
19	GB/T 51375-2019	网络工程设计标准	2019/6/5	2019/10/1
20	GB/T 51374-2019	火炸药环境电气安装工程施工及验收标准	2019/6/5	2019/10/1
21	GB 50688-2011	城市道路交通设施设计规范	2019/8/20	2019/9/1
22	GB/T 51342-2018	电子工程节能施工质量验收标准	2018/12/26	2019/8/1
23	GB 51343-2018	真空电子器件生产线设备安装技术标准	2018/12/26	2019/8/1
24	GB 50013-2018	室外给水设计标准	2018/12/26	2019/8/1
25	GB/T 50585—2019	岩土工程勘察安全标准	2019/2/13	2019/8/1
26	GB/T 50543-2019	建筑卫生陶瓷工厂节能设计标准	2019/2/13	2019/10/1
27	GB/T 51369—2019	通信设备安装工程抗震设计标准	2019/6/5	2019/11/1
28	GB/T 50731-2019	建材工程术语标准	2019/6/5	2019/12/1
29	GB/T 51387-2019	钢铁渣处理与综合利用技术标准	2019/7/10	2019/12/1
		行标		
1	JG/T 560-2019	建筑用槽式预埋组件	2019/3/4	2019/9/1
2	JG/T 561-2019	预制保温墙体用纤维增强塑料连接件	2019/3/4	2019/9/1
3	CJ/T 537-2019	多层钢丝缠绕改性聚乙烯耐磨复合管	2019/3/4	2019/9/1
4	JG/T 567-2019	建筑用轻质高强陶瓷板	2019/3/4	2019/9/1
5	JG/T 563-2019	建筑用纸蜂窝复合墙板	2019/3/27	2019/12/1
6	JG/T 268-2019	建筑用闭门器	2019/3/27	2019/12/1
7	JGJ/T 469-2019	装配式钢结构住宅建筑技术标准	2019/6/18	2019/10/1
8	CJJ 11-2011	城市桥梁设计规范	2019/8/20	2019/9/1
9	JGJ 39-2016	托儿所、幼儿园建筑设计规范	2019/8/29	2019/10/1
10	JGJ 26-2018	严寒和寒冷地区居住建筑节能设计标准	2018/12/18	2019/8/1

政策消息摘要

住房和城乡建设部办公厅关于建筑施工企业安全生产许可证等证书电子化的意见（建办质函〔2019〕375 号）（节选）

按照《中华人民共和国安全生产法》《安全生产许可证条例》等法律法规的规定，省级住房和城乡建设主管部门负责本行政区域内建筑施工企业安全生产许可证、“安管人员”安全生产考核合格证书、建筑施工特种作业人员操作资格证书的颁发和管理工作。各省级住房和城乡建设主管部门可根据工作需要，对相关证书实行电子化管理作出明确规定，其他地区住房和城乡建设主管部门对依法核发的电子证书应予认可。

住房和城乡建设部办公厅关于推进住房和城乡建设领域施工现场专业人员职业培训工作的通知（建办人函〔2019〕384 号）（节选）

企业、职业院校和职业培训机构（以下统称培训机构）按照“谁培训、谁负责”的原则，对施工现场专业人员开展培训、考核、发证。为保证培训质量，推动各地培训互认，培训机构应依据统一的职业标准、统一的培训大纲组织开展培训，完成相应培训后，须通过统一测试题库对参训人员进行测试。住房和城乡建设行业从业人员培训管理信息系统按照统一编码规则为测试合格人员生成电子培训合格证，培训机构或者测试合格人员可自行下载、打印。培训合格证作为施工现场专业人员具备相应专业知识水平的证明，在全国住房和城乡建设领域予以认可。

市场监管总局办公厅　住房和城乡建设部办公厅　应急管理部办公厅关于进一步加强安全帽等特种劳动防护用品监督管理工作的通知（市监质监〔2019〕35 号）（节选）

加强采购进场监管。各级住房和城乡建设、应急管理部门要督促建筑施工企业、相关工矿企业等特种劳动防护用品使用单位采购持有营业执照和出厂检验合格报告的生产厂家生产的产品；要求使用单位严格控制进场验收程序，建立特种劳动防护用品收货验收制度，并留存生产企业的产品合格证和检验检测报告，所配发的劳动防护用品安全防护性能要符合国家或行业标准，禁止质量不合格、资料不齐全或假冒伪劣产品进入现场。

加强现场使用监管。各级住房和城乡建设、应急管理部门要督促使用单位按照国家规定，免费发放和管理特种劳动防护用品，并建立验货、保管、发放、使用、更换、报废等管理制度，及时形成管理档案；对存有异议或发现与检测报告不符的，要将该批产品退出现场，重新购置质量达标的产品并进行见证取样送检。要落实施工总承包单位的管理责任，鼓励实行统一采购配发的管理制度。

加强日常检查管理。各级住房和城乡建设、应急管理部门要督促使用单位切实加强对作业现场特种劳动防护用品质量和使用情况的日常监督管理，并形成检查台账。对不符合质量要求及破损的劳动防护用品要及时处理更换；对到报废期的劳动防护用品，要立即进行报废处理；已损坏的，不得擅自修补使用。

严格追责问责。对未使用符合国家或行业标准的特种劳动防护用品，特种劳动防护用品进入现场前未经查验或查验不合格即投入使用，因特种劳动防护用品管理混乱给作业人员带来事故伤害及职业危害的责任单位和责任人，依法追究相关责任。

国务院办公厅关于加快推进社会信用体系建设构建以信用为基础的新型监管机制的指导意见（国办发〔2019〕35号）（节选）

建立健全信用承诺制度。在办理适用信用承诺制的行政许可事项时，申请人承诺符合审批条件并提交有关材料的，应予即时办理。申请人信用状况较好、部分申报材料不齐备但书面承诺在规定期限内提供的，应先行受理，加快办理进度。书面承诺履约情况记入信用记录，作为事中、事后监管的重要依据，对不履约的申请人，视情节实施惩戒。要加快梳理可开展信用承诺的行政许可事项，制定格式规范的信用承诺书，并依托各级信用门户网站向社会公开。鼓励市场主体主动向社会作出信用承诺。支持行业协会商会建立健全行业内信用承诺制度，加强行业自律。

全面建立市场主体信用记录。建立健全信用信息自愿注册机制。深入开展公共信用综合评价。

大力推进信用分级分类监管。健全失信联合惩戒对象认定机制。督促失信市场主体限期整改。深入开展失信联合惩戒。坚决依法依规实施市场和行业禁入措施。依法追究违法失信责任。

关于全国建筑市场和工程质量安全监督执法检查违法违规典型案例的通报（一）（建质质函〔2019〕35号）（节选）

案例一主要违法违规事实：一是施工总承包单位将劳务分包给无资质的天津市武清区建筑工程总公司第一建筑公司，涉嫌违法分包。二是悬挑式脚手架未按专项施工方案要求预埋刚性连接件，未采用可承受拉力和压力的结构。三是悬挑式脚手架悬挑钢梁穿剪力墙位置未使用木楔楔紧，钢梁能自由活动。四是多台塔式起重机标准节代替基础节使用，不符合使用说明书要求，且无法证明满足塔身基础承载力要求。五是多台塔式起重机起重臂间水平和垂直安全距离不符合规范要求。六是4#塔式起重机塔身部分标准节规格不一致，且无法证明塔身能满足承载力要求。

案例二主要违法违规事实：一是墙体拉结筋未按抗震设防要求通长配置。二是砌筑砂浆未见进场复试报告，部分钢筋未见质量保证书和复试报告。三是监理实施细则未根据实际情况编写危险性较大的分部分项工程重点监理内容。四是施工单位未按规定编制、审核施工组织设计中分部分项工程安全技术措施。五是5#塔式起重机基础两侧积水严重且变形开裂，塔式起重机安装方案内容不完备。六是施工升降机、悬挑式卸料钢平台两侧的双排脚手架未设置横向斜撑。

案例三主要违法违规事实：一是建设单位将地基与基础工程单独发包，涉嫌肢解发包。二是混凝土标养试块留置数量不符合规范要求。三是塔式起重机未设置顶升横梁防脱装置，连接销轴螺栓固定挡块缺失，主卷扬机在吊钩连接板处连接销轴螺栓定位挡板移位失效；力矩限制器、载荷限制器行程开关设置不足，附着装置非原厂制造。四是部分模板支架水平杆固定在外脚手架上。

案例四主要违法违规事实：一是砌块、砖未按规范要求进行检验、复试。二是多台塔式起重机未按规定办理建筑起重机械使用登记。

案例五主要违法违规事实：一是施工总承包单位将模板脚手架工程分包给不具备相应资质的劳务公司，涉嫌违法分包。二是局部砌体填充墙未按设计要求设置拉结筋。三是预拌砂浆、砖未按规范要求进行复试。四是设计未注明剪力墙混凝土强度，施工单位、监理单位质量保证体系不健全。五是部分楼层混凝土底板、顶板存在多处裂缝。

案例六主要违法违规事实：一是建设单位将门窗、基坑支护等工程分包给不同的施工总承包或专业承包单位，涉嫌违法发包。二是首层部分楼梯预留钢筋的位置和长度不符合设计要求，未安装支座梁主筋，分布筋未按设计要求锚入两侧框架梁或剪力墙内，楼梯折梁（板）处钢筋未按设计要求进行施工。三是2层顶板钢筋保护层厚度不符合规范要求。四是模板支撑体系搭设与专项施工方案不符，多处搭设不牢，稳定性差。五是落地式脚手架局部剪刀撑、横向斜撑、连墙件设置不符合规范要求。六是模板支架所用钢管、扣件未按规范要求进行抽样复试。七是3#塔式起重机与工地围墙边高压线安全距离不足，现场未采取绝缘隔离防护措施，未悬挂明显警示标志。

案例七主要违法违规事实：一是分包单位未提供现场负责人劳动合同和社

会保险缴纳凭证，涉嫌挂靠。二是部分楼层混凝土存在严重外观质量缺陷。三是2#楼塔式起重机起重臂与1#楼安全距离不符合规范要求。四是监理单位未按规定编制危险性较大的分部分项工程监理实施细则，未实施专项巡视检查。

案例八主要违法违规事实：一是工程未取得施工许可即开工建设。二是专业分包单位未提供与施工总承包单位之间的工程账款支付凭证，且专业分包单位无法提供其项目现场负责人的合同、社保缴纳凭证、工资支付凭证，涉嫌转包。三是塔式起重机起升钢丝绳断股、断丝现象严重。四是局部楼梯平台及梯段等临边无防护措施。五是塔式起重机局部附着杆锚固支座均只安装两根穿墙螺杆，未提供附墙装置设计计算书，且未提供原厂制造证明。

案例九主要违法违规事实：一是剪力墙竖向承重构件与水平梁交接处混凝土浇筑方式与设计图纸不符，局部混凝土强度推定值不符合设计要求。二是楼层预留洞口防护不到位。三是现场配电系统不符合三级配电、二级保护的要求。

案例十主要违法违规事实：一是塔式起重机重量限制器接线断开，未调试合格。二是地下室底板和外墙防水材料厚度不符合设计要求。三是拉结钢筋未按抗震设防要求通长配置，现场多处构造柱设置不符合设计要求。

案例十一主要违法违规事实：一是建设单位在未确定施工总承包单位前，将土石方工程直接发包给无相应承包资质的贵州桥梁建设集团有限公司，涉嫌肢解发包。二是工程未取得施工许可即开工建设。三是混凝土标养试块留置数量不符合规范要求。四是柱墙混凝土强度等级高于梁板，局部柱核心区浇筑了低等级混凝土，强度推定值不符合设计要求。五是部分楼层临边作业未采取有效防护措施。六是多台塔式起重机基本处于同一作业高度，且相互干涉。

案例十二主要违法违规事实：一是建设单位将土石方工程直接发包给四川万古长青建设工程有限公司，涉嫌肢解发包。二是局部悬挑式物料钢平台悬挑钢梁未有效固定。三是监理单位未按要求开展巡视和平行检验工作。四是局部填充砌体未按设计要求设置构造柱。

案例十三主要违法违规事实：一是项目总监理工程师及其他监理人员未按合同约定到岗履职。二是现场实际监理人员非监理单位人员，日常监理涉及的签字均系造假。

住房和城乡建设部办公厅关于部分建设工程企业资质延续审批实行告知承诺制的通知（建办市函〔2019〕438号）（节选）

自2019年9月1日起，我部负责的工程勘察、工程设计、建筑业企业、工程监理企业资质延续审批实行告知承诺制，不再委托各省级住房和城乡建设主管部门实施资质延续审查工作。公路、铁路、水运、水利、信息产业、民航、航空航天等专业建设工程企业资质延续审批仍按《住房城乡建设部办公厅关于建设工程企业资质统一实行电子化申报和审批的通知》（建办市函〔2018〕493号）规定办理。

按照告知承诺制申请资质延续的企业登录我部门户网站（网址：www.mohurd.gov.cn）“办事大厅—在线申报”栏目，按现行的相关资质标准，在线填报申报信息，对本企业符合延续资质标准条件的情况作出承诺，完成资质延续申请。

建设工程企业应对承诺内容真实性、合法性负责，并承担全部法律责任。发现申请企业承诺内容与实际情况不相符的，我部将依法撤销其相应资质，3年内不得申请该项资质，并列入建筑市场主体“黑名单”。

住房和城乡建设部办公厅关于同意广东省房屋建筑和市政基础设施工程施工许可证办理限额备案的复函（建办市函〔2019〕472号）（节选）

根据《建筑工程施工许可管理办法》（住房和城乡建设部令第18号，根据住房和城乡建设部令第42号修改），同意对你厅将办理施工许可的房屋建筑和市政基础设施工程限额调整为“工程投资额在100万元以下（含100万元）或者建筑面积在500平方米以下（含500平方米）的房屋建筑和市政基础设施工程，可以不申请办理施工许可证”的政策，予以备案。

住房和城乡建设部办公厅关于在部分地区开展工程监理企业资质告知承诺制审批试点的通知（建办市函〔2019〕487号）（摘要）

自2019年10月1日起，试点地区（浙江、江西、山东、河南、湖北、四川、陕西省和北京、上海、重庆市）建设工程企业申请房屋建筑工程监理甲级资质、市政公用工程监理甲级资质采用告知承诺制审批。

企业可通过建设工程企业资质申报软件或登录本地区省级住房和城乡建设主管部门门户网站政务服务系统，以告知承诺方式完成资质申报。企业应对承诺内容真实性、合法性负责，并承担全部法律责任。

住建部在作出行政许可决定后的 12 个月内，组织核查组对申请资质企业全部业绩进行实地核查，重点对业绩指标是否符合标准要求进行检查。发现申请资质企业承诺内容与实际情况不相符的，住建部将依法撤销其相应资质，并将其列入建筑市场主体“黑名单”。自住建部作出资质撤销决定之日起 3 年内，被撤销资质企业不得申请该项资质。

在实地核查完成之前，对采用告知承诺方式取得资质的企业，如发生重组、合并、分立等情况涉及资质办理的，不适用《住房城乡建设部关于建设工程企业发生重组、合并、分立等情况资质核定有关问题的通知》（建市〔2014〕79 号）第一条的规定，须按照企业资质重新核定有关规定办理。

住房和城乡建设部等部门关于加快推进房屋建筑和市政基础设施工程实行工程担保制度的指导意见（建市〔2019〕68 号）（节选）

推行工程保函替代保证金。加快推行银行保函制度，在有条件的地区推行工程担保公司保函和工程保证保险。严格落实国务院清理规范工程建设领域保证金的工作要求，对于投标保证金、履约保证金、工程质量保证金、农民工工资保证金，建筑业企业可以保函的方式缴纳。严禁任何单位和部门将现金保证金挪作他用，保证金到期应当及时予以退还。

大力推行投标担保。对于投标人在投标有效期内撤销投标文件、中标后在规定期限内不签订合同或未在规定的期限内提交履约担保等行为，鼓励将其纳入投标保函的保证范围进行索赔。招标人到期不按规定退还投标保证金及银行同期存款利息或投标保函的，应作为不良行为记入信用记录。

着力推行履约担保。招标文件要求中标人提交履约担保的，中标人应当按照招标文件的要求提交。招标人要求中标人提供履约担保的，应当同时向中标人提供工程款支付担保。建设单位和建筑业企业应当加强工程风险防控能力建设。工程担保保证人应当不断提高专业化承保能力，增强风险识别能力，认真开展保中、保后管理，及时做好预警预案，并在违约发生后按保函约定及时代为履行或承担损失赔付责任。

强化工程质量保证银行保函应用。以银行保函替代工程质量保证金的，银行保函金额不得超过工程价款结算总额的 3%. 在工程项目竣工前，已经缴纳履约保证金的，建设单位不得同时预留工程质量保证金。建设单位到期未退还保证金的，应作为不良行为记入信用记录。

推进农民工工资支付担保应用。农民工工资支付保函全部采用具有见索即付性质的独立保函，并实行差别化管理。对被纳入拖欠农民工工资“黑名单”的施工企业，实施失信联合惩戒。工程担保保证人应不断提升专业能力，提前预控农民工工资支付风险。各地住房和城乡建设主管部门要会同人力资源社会保障部门加快应用建筑工人实名制平台，加强对农民工合法权益保障力度，推进建筑工人产业化进程。

本期
焦点

第十七期“十三五”万名总师（大型工程建设监理企业总工程师）培训班在大连举办

为全面落实习近平新时代中国特色社会主义思想和贯彻党的“十九大”精神和中央城市工作会议精神，全国市长研修学院（住房和城乡建设部干部学院）和中国建设监理协会在大连举办第十七期“十三五”万名总师（大型工程建设监理企业总工程师）培训班。住房和城乡建设部建筑市场监管司副司长卫明同志、全国市长研修学院副院长逄宗展、中国建设监理协会会长王早生同志出席了开班式。全国市长研修学院工程建设部处长尹必豪主持开班式并宣布班委名单。

卫明副司长以“工程监理改革与发展”为题，从“建筑业供给侧结构性改革、全过程工程咨询服务、工程监理面临的形势、工程监理改革探索、多元化市场化发展”五个方面作了主题报告，分析了建筑业的发展趋势，回顾了监理行业的发展历程，深度剖析了监理行业目前存在的问题，探讨了监理行业转型升级和创新发展的方向，鼓励监理企业积极参与监理试点改革，提出可行性方案，予以实施并总结经验，推动监理行业转型升级。

王早生会长在讲话中肯定了监理行业在社会发展中尤其在建筑业发展中的作用，分析了监理行业目前的问题，展望了监理行业的发展方向，鼓励监理企业坚定信心，勇于担当，积极探索创新发展。

在开班式上，逄宗展副院长针对此次培训做导学和开班动员，他强调，举办“十三五”万名总师培训，加强住房和城乡建设系统专业技术人才队伍建设，是落实国家人才战略的重要举措。他希望学员一定要重视和珍惜学习培训机会，严格遵守学习培训、廉洁自律的各项规定，积极参加交流研讨，能够在此次培训中学有所获。

来自全国各省、自治区、直辖市大型工程监理企业的近300名总工程师参加了培训。培训班围绕监理行业转型升级创新发展、全过程工程咨询及案例分析、绿色建造与转型发展，装配式建筑施工技术、BIM技术在工程监理中的运用、工程监理新技术新方法等内容进行讲解授课，取得了较好的效果，受到了广大学员的普遍欢迎，为期三天的培训达到了预期目的，圆满结束。

不忘监理初心 积极转型升级 努力促进建筑业高质量发展

——在“住建部‘十三五’万名总师（大型工程建设监理企业总工程师）首期培训班”上的讲话

王早生
中国建设监理协会会长

首先说明一下题目：我们大家都是做监理的，监理是工程质量安全的重要保障。因此我们任何时候都要不忘初心，勇于担当，努力做好监理工作。同时，我们又要紧跟形势变化，积极转型升级。转型升级，并非放弃监理，工程监理与转型升级并不矛盾。有的人以为国家鼓励开展全过程工程咨询就是不要监理了，这种理解是错误的。实际上，监理和全过程工程咨询的终极目标完全一致，都是为了促进建筑业的高质量发展。

一、工程监理行业发展沿革

建筑业是一个具有数千年历史的传统行业，建筑业与人类社会的进步相伴而生，伴随着人类社会的发展而发展，封建社会六部之一的工部就是主管建筑业的。而监理制度是改革开放后产生的新事物，所以说监理行业是建筑行业中的“新兵”。刚刚过去的2018年既是国家改革开放四十周年，也是监理诞生三十周年。中国建设监理协会在去年总结了工程监理行业30年发展的辉煌成就，交流了经验，鼓舞了全行业的士气。

工程监理行业的发展沿革，大致可以分为三个阶段：1988~1992年的试点阶段；1993~1995年的稳步发展阶段；1996年至今的全面推行阶段。

试点阶段：1988年7月25日，建设部发布《关于开展建设监理工作的通知》，标志着我国工程监理事业的正式开始；

1988年11月28日，建设部发布《关于开展建设监理试点工作的若干意见》，决定在北京、天津、上海、深圳、南京、宁波、沈阳、哈尔滨8个城市和水电、公路系统进行试点工作，并就试点工作提出要求。

稳步发展阶段：1993年底，全国已有28个省、市、自治区及国务院20个工业、交通等部门先后开展了工程监理工作。1993年7月27日，成立中国建设监理协会。

1995年10月，建设部、国家工商行政管理局印发《工程建设监理合同（示范文本）》（GF-95-0202），规范了监理单位与业主的权责利关系。1995年12月，建设部、国家计委颁布《工程建设监理规定》。

全面推行阶段：从1996年开始，我国工程监理制度进入全面推行阶段，“一法两条例”（《中华人民共和国建筑法》和《建设工程质量管理条例》《建设工程安全生产管理条例》）的颁布，以法律形式确定了工程监理的地位。

自工程监理制度实施以来，对监理行业定位和职责的讨论一直不断。关于监理究竟应该是强制还是自主？是委托服务还是独立第三方？是施工监理还是全方位？要不要管安全以及安全责任如何界定？监理行业如何发展……这些一直都是大家关注的议题。

过去的讨论很热烈，也很有意义。今天，我们仍然有必要在总结经验教训的基础上，在全行业进行深入思考和讨论，梳理问题，集思广益，达成共识，砥砺奋进。

二、工程监理行业现状

截至2018年底，全国工程监理企业有8393家，企业从业人员近117万人，承揽合同额5902.42亿元，全年营业收入4314.42亿元。甲级企业和乙级企业共计7179家，占90.36%；以房建和市政为主营业务的共计7339家，占92.37%，居于主导地位。

2018年，全国监理行业年营业收入4314.42亿元，其中工程监理收入1323.81亿元，只占总营业收入的30.68%，从传统观点看似乎是“不务正业”。但我认为这是监理行业未雨绸缪的表现，走的是一条多元化道路。虽然“全过程工程咨询”一词在近两年才出现，但事实上，监理企业近十几年来一直都在探索拓展业务、开展多种形式的项目管理和工程咨询，并且初见成效。

早在2003年，建设部印发《关于培育发展工程总承包和工程项目管理企业的指导意见》（建市〔2003〕30号）；2004年，建设部印发《建设工程项目管理试行办法》；2008年，住建部印发《关于大型工程监理单位创建工程项目管理企业的指导意见》；2017年，国务院办公厅印发《国务院办公厅关于促进建筑业持续健康发展的意见》（国办发〔2017〕19号）；2017年，住建部印发《住房城乡建设部关于开展全过程工程咨询试点工作的通知》（建市〔2017〕101号）和《住房城乡建设部关于促进工程监理行业转型升级创新发展的意见》（建市〔2017〕145号）；2019年，国家发展改革委、住房和城乡建设部联合印发《关于推进全过程工程咨询服务发展的指导意见》（发改投资规〔2019〕515号）。由此追根溯源，国家和政府部门发文对监理行业转型升级的指导和推动至少在16年前就开始了。

由政府发文件来推动全过程工程咨询，正是顺应市场的要求，是结合国外经验及国内市场变化应运而生的。现在国家提倡、市场需要的也是多元化的服务。因此，就监理行业而言，市场合同总额在增加，监理合同额比例有所下降，其他业务如咨询服务、项目管理、招标代理、造价咨询等的合同额增加，总量是在扩大，这是一个好的趋势。

从2005~2018年，监理的从业人员由43万人发展到近117万人，年均增长率7.9%；工程监理企业全年营业收入由279亿元增长到4314亿元，年均增长率23%；工程监理收入由192亿元，增长到1324亿元，年均增长16%.截至2018年底，21个企业工程监理收入突破3亿元，59个企业工程监理收入超过2亿元，215个企业工程监理收入超过1亿元，工程监理收入过亿元的企业个数与上年相比增长23.56%.从这些数据可以看出，30余年来，监理行业一直在发展，在走上坡路。虽然监理行业的总人数少于勘察设计行业（约500万）和施工行业（约5000万人）的总人数，但却是一支不可替代的重要队伍，是保证工程质量安全的“关键少数”。

但我们也应该看到，就全行业来说，收入前10%的监理企业营业收入占全行业营业收入的30%以上；部分省份排名前30%的企业甚至占有本地区约70%以上的市场份额。这表明监理行业的产业集中度还不够，企业数量多，规模小。平均一家监理企业人数约100多人，而且千人以上规模的监理企业很少，截至2018年底仅有53家。而设计行业平均一家企业人数200多人，是监理企业的2倍。全国设计行业中千人以上员工规模的企业有615家，是监理企业的十几倍。监理行业的人均收入，与勘察设计、造价咨询、招标代理等兄弟行业相比也有差距，由于收入低导致招人和留人困难，更难以吸引高素质的人才，将从根本上制约监理企业的发展。

企业规模太小对企业的经营甚至行业的发展产生直接影响。小企业生存艰难，竞争也更为惨烈，有时甚至“不择手段”，服务质量普遍不高，挂靠等问题也更为突出。为此，监理企业亟须整合，从而做大做强。大家可以通过市场配置资源为主的多种方式，包括兼并、重组、联合等形式，扩大企业规模，打造有影响力、有竞争力的龙头企业、领军企业。当然，在做大做强的同时，监理企业也应该深耕于做专做精，根据市场和业主要求提供专业化、特色化服务。做大做强与做专做精不但不矛盾，实际上可以相互促进。

三、面临的主要问题与挑战

当前，监理行业除了紧跟形势，紧跟市场以及满足业主需求以外，还要针对问题对症下药。以目标为导向，以问题为导向，解决问题的过程，就是进步的过程。所以有问题不要紧，就怕我们看不到问题，更不能明知有问题而视而不见，报喜不报忧。

监理行业面临诸多问题，归纳起来，不外乎以下三个方面：

一是业主方面：缺乏对监理价值的认知，恶意压价，对监理单位的授权不充分等；

二是监理行业方面：行业信息化技术应用水平不高，技术装备不足，人员综合素质不高，工作不尽职和履职不到位，恶性竞争等；

三是社会环境方面：诚信体系不够完善，技术标准基础薄弱，法治建设有待加强等。

面对诸多问题，我们必须聚焦重点，直面问题、反求诸己，从我做起，从现在做起。如果从自我严格要求的角度来分析，监理行业内部的问题可以概括为“一小二弱三缺”。

“小”就是规模小。监理行业从业人员百万，企业8000多家，平均每家企业才百余人，规模偏小。30余年来，监理行业发展并没有经受过大规模的洗牌，没有受到过大的冲击，一直在相对比较“温和”的环境中成长。不像房地产市场，几起几落，大浪淘沙，仅2019年1–7月，经法院公告倒闭的房地产公司就有274家。房地产业经过多轮激烈的市场竞争之后，已经形成了几大龙头企业领军的产业格局。

“弱”就是能力弱。除了前面讲的技

术装备不足、信息化技术应用水平不高，影响尽责履职之外，在当前全过程工程咨询对能力要求更高的情况下，能力弱的问题更加突出。在打破原有的行业分割的局面以后，市场竞争不仅来自于监理行业内部，还来自于“外部”的设计、投资咨询、造价咨询等兄弟行业。

“缺”就是功能缺。由于多种原因，导致监理企业在结构、模块、业态等方面有缺陷，有缺项，有短板。尤其是在供给侧的上游和前端，监理企业缺的东西就更多，亟须补强。当然兄弟行业也有缺的东西，他们也都在研究如何补强，无须他人多虑。监理的当务之急是把自己的事情做好。

四、工程监理行业改革发展展望

回顾监理发展的历程，可以看到，监理本身就是改革开放的产物，监理的发展过程也是改革开放的过程。所以，我们要坚定不移地走改革开放之路。改革发展的关键是创新。创新的形式是多种多样的，除了技术创新，还有业态创新、模式创新、集成创新以及理念创新和思想解放等等。基于改革发展创新的理念，我想从以下十个方面展望监理行业的改革与发展。

（一）进一步明确监理定位和职责。监理的重要性不容怀疑。近几年，《中共中央国务院关于进一步加强城市规划建设管理工作的若干意见》《国务院办公厅关于促进建筑业持续健康发展的意见》和《中共中央 国务院关于深化投融资体制改革的意见》等一系列中央文件都强调了工程监理的重要性，表明中央对监理行业的重视。现阶段质量安全形势依然很严峻，而工程监理是工程质量安全的重要保障。“放管服”是既要“放”又要“管”。如果“弱化监理”、“取消监理”，只放不管，一放了之，后患无穷，那不是一种负责任的态度。

“监理”一词顾名思义：一是监督，二是管理。监督是政府监管职能的延伸，是体现社会责任、法律责任和政府关注的痛点。管理则是为业主提供有价值的服务。当前，全国安全生产形势严峻，但全国质监、安监人员很少，总数只有5万多人，与大规模的建设任务相比，不堪重负。而全国的监理人员已近117万人，没有理由不去发挥好这支专业队伍的作用。我们既要和政府紧密联系，协助配合政府承担监管的一些专业工作，又要为业主提供优质高效服务。监督和管理并不冲突，监理行业今后要“两条腿”走路，两者并重，不可偏废。

（二）推进行业转型升级，发展全过程工程咨询。全过程工程咨询是监理企业转型升级科学发展的方向。有条件的监理单位在做好施工阶段监理的基础上，要向上下游拓展服务领域，为业主提供覆盖工程建设全过程的项目管理服务以及包括前期咨询、招标代理、造价咨询、现场监督等多元化的“菜单式”工程咨询服务。企业还可通过兼并重组等方式提高企业整体能力和水平。

如果我们的全过程工程咨询服务到位，为业主创造的价值得到充分认可，企业的效益也会大幅提高。国外这方面的服务取费一般占投资的5%~10%，比如苏州工业园区的一个美国企业投资6亿元的制药项目，业主付给新加坡顾问公司的服务费为6千万元。业主投资方愿意支付高达10%的费用，一定是认可顾问公司的服务价值。如果不能为业主创造价值，资本家绝对不会付这么多费用。

全过程工程咨询的发展打破了过去行业分割的局面，兄弟行业也在提升能力抢占市场。市场竞争不讲情面，高付出方得高回报，没有全能力搞不了全过程。设计去做全过程工程咨询是顺流而下，正如李白的这首诗：“朝辞白帝彩云间，千里江陵一日还。两岸猿声啼不住，轻舟已过万重山。”顺流而下，才可能一日千里。而监理去做全过程工程咨询则是逆流而上，不进则退，我们需要比设计行业付出更多的努力。

因此，监理企业开展全过程工程咨询，从长远来看，最好有设计资质；如果没有设计资质，那要有设计能力；如果没有设计能力，那也要有设计管理能力，否则就谈不上什么全过程。为弥补设计方面的短板，有的监理企业与设计企业建立战略合作；有的与设计企业组合为一体；有的与设计企业共同出资，组建一个新的企业。这些探索都值得鼓励。

（三）加强科技创新。监理企业要加强技术创新能力和管理创新能力，提升创新增值服务，延伸核心竞争力。当前，有的企业应用互联网+工程管理的模式，还有的企业依托可视化的视频监控系统，加强了对项目的远程支持，提高了现场管理能力，通过改变传统的监管模式，实现了监管模式的创新，弥补了现场管理力量不平衡的问题。监理企业如果不加强总部对各项目的支持和管理，还是像过去一样“以包代管”，只靠各项目部各自为政，迟早会出问题，管理水平也很难提高。因此，通过科技应用在企业实施“强后台—精前端”的管理模式改革，对于提高企业管理水平方面必将产生重要作用。

（四）提高BIM等信息化技术应用水平。现在大家都在应用BIM技术，设计、施工等兄弟行业都在行动，时不我待。我们一定要抓住这次机会，要从监理生存发展的战略高度来看BIM的应用，不仅仅是个技术问题。对于监理转型升级来说，它是具有战略意义的一项工程。如果不迎头赶上，监理的“三控两管一协调一履行”无法同步落实，全过程工程咨询也迈不开步。BIM的灵魂是信息。当今市场，谁掌握信息，谁就掌握全局。监理企业只有发挥自身优势，以BIM应用为切入点，全面掌握工程建设全过程信息，才有利于我们掌控全局，为业主和项目提供科学、高效、全面的服务，才能实现监理行业一直追求的所谓高端服务的价值。

（五）探索监理文化建设。大家知道，规划是龙头，设计是灵魂，施工是主体，各行各业都有其自身鲜明的文化特征。那么，监理的文化是什么呢？我们还缺乏全面深入的研究探索。业内不太明晰，社会上更不了解。因此我们要积极研究探索监理文化，找准监理的文化特征，努力提高监理的社会地位，提升监理从业人员对行业的认同，让人们对监理行业有准确的认识，树立起监理行业品牌，扩大社会影响力。

（六）加快推进行业诚信体系建设。日前，国务院办公厅关于加快推进社会信用体系建设、构建以信用为基础的新型监管机制的指导意见中指出，进一步发挥信用在创新监管机制、提高监管能力和水平方面的基础性作用，更好激发市场主体活力，推动高质量发展。监理行业应着力打造行业诚信体系，加快市场主体信用信息平台建设，完善市场主体信用信息记录，建立信用信息共享机制，积极推动地方、行业信息系统建设及互联互通，构建市场主体信息公示系统，实行信息公开。探索制定工程监理企业、监理人员信用管理办法，推进工程监理行业诚信体系建设，提高工程监理行业的社会公信力。

（七）打造学习型组织，培养高素质人才。监理是智力服务型行业。要引进培养留住人才，向人才要效益，在实践中不断提升企业管理水平和能力，同时借鉴国外先进管理理念，与企业实际相结合，推动企业的可持续发展。有些企业，通过组建企业大学、集中培训等方式开展人才培养，开展技术交流，成效颇好。

（八）鼓励监理企业拓展业务，在政府购买服务中发挥作用。监理企业的一大优势在于监督管理。监理企业应积极拓展监理业务范围，代表政府监管部门履行现场监督检查等职责。比如北京市住房和城乡建设委员会委托北京市建设监理协会代表政府开展“混凝土驻厂监理”服务；重庆市大渡口区建委为解决政府监管力量薄弱的问题，购买监理专业团队服务，为在建工程提供安全隐患巡查服务；山东省住房和城乡建设厅通过招标来委托监理企业开展工程质量安全巡查，签订政府采购合同，成效很好，仅两轮检查即发现现场隐患问题3505项。这些问题上报省住建厅后，再依法依规进行处理。四川省协会也受省住建厅委托开展项目检查，行之多年，成效显著。吉林省监理协会与政府部门关系密切，各市县质监站、安监站是省监理协会的会员，形成了“同盟军”的关系。

（九）完善法律法规。科学立法、严格执法、公正司法、全民守法是建立法治社会的目标，监理行业的发展离不开法治建设。国家正在从转变政府职能、简化行政审批、发挥市场在资源配置中的决定性作用等方面进一步完善法律法规。中央部署的扫黑除恶斗争，重点打击工程建设领域的贿赂、恐吓、欺骗、威胁、暴力等黑恶势力行为，加大惩罚力度，保护建筑市场的良性发展。这些都是加强法治建设的具体举措，也是对监理工作的有力支持。

（十）下大力气加强标准化建设。全面制定监理行业的技术标准是一项重要的基础工作。加强标准化建设，有利于明确监理工作职责、内容和深度，有利于抑制监理任务委托与承揽中的不合理压价，有利于考核评价监理工作质量，有利于判别事故中的监理责任。据对近年来发生的质量安全事故分析，其中大约70%的事故中监理也负有责任，另外30%监理方则没有责任。因此我们要通过标准来科学合理地界定监理在质量安全管理当中的责任。履职尽责的可以依法依规减责、免责，履职尽责不到位的就将依法承担责任。而不是在发生事故后简单地一概而论监理有责还是无责。总之，一方面要提高监理服务能力和水平，一方面要合理界定监理责任。通过标准化建设来规范行为、改进工作，促进监理行业的持续健康发展。

孔子说：“智者不惑，仁者不忧，勇者不惧。”结合我们的工作实际，我的理解是：智者不惑是发现问题，仁者不忧是直面问题，勇者不惧就是解决问题。现在再回头看“一小二弱三缺”，针对这些问题，“小”就去扩规模，“弱”就去强能力，“缺”就去补缺陷。

习近平总书记指出，面对百年未有之大变局，唯改革者进，唯创新者强，唯改革创新者胜。在当下全过程工程咨询如火如荼的发展形势下，兄弟行业都在奋发努力，都在转型升级，我们没有任何理由故步自封，不求进取。监理行业应该不忘初心，抓住机遇，扬长补短，改革创新，砥砺奋进，我们有信心、有能力为建筑业高质量发展作出新贡献。

关于印发中国建设监理协会2019年下半年工作安排暨王早生会长在全国建设监理协会秘书长工作会议上讲话的通知

各省、自治区、直辖市建设监理协会，有关行业建设监理专业委员会，各分会：

2019 年 7 月 12 日，中国建设监理协会在重庆召开全国建设监理协会秘书长工作会议，王学军副会长兼秘书长在会上作“中国建设监理协会 2019 年下半年工作安排”的报告，王早生会长在会上讲话，现印发给你们，供参考。

附件：1. 中国建设监理协会 2019 年下半年工作安排

2. 王早生会长在全国建设监理协会秘书长工作会议上的讲话

中国建设监理协会

2019 年 7 月 22 日

附件 1

中国建设监理协会 2019 年下半年工作安排

王学军

中国建设监理协会副会长兼秘书长

今天我们在重庆召开全国监理协会秘书长工作会议，我代表中国建设监理协会秘书处对大家的到来表示欢迎，对大家一直以来对中国建设监理协会工作的支持表示诚挚的感谢。按照协会六届三次常务理事会通过的 2019 年下半年工作计划，下半年，我们要以更加饱满的热情、更加积极的态度做好各项工作，努力完成年度目标任务，促进行业健康发展：

一、协助行业主管部门工作

（一）配合部建筑市场监管司做好工程监理改革试点工作。根据行业发展需要，今年协会开展了“深化改革完善工程监理制度”课题研究，通过调研，提出深化工程监理体制机制改革的意见，即完善监理制度，明确监理定位和职责，发挥监理在工程建设中保障工程质量安全和效益的作用，更好地维护公共利益和公众安全。经六届三次常务理事会通过，协会成立工程监理改革试点工作专家辅导组，并设立专家辅导组办公室，推进工程监理改革试点工作。各试点省市地方监理协会，要积极与所在地建设行政主管部门沟通，努力推进监理试点工作开展。建议围绕提升监理地位，明确监理职责，保护监督职能，保障合理取费，发挥监理作用提出改革试点方案。今天在重庆召开秘书长会议，也是出于对监理改革发展考虑，希望大家能够学习重庆监理协会对行业自律管理的做法，促进项目监理机构能力和水平的提高。如果协会自律管理能做到这一点，监理改革成功将会有可靠的保障。

（二）积极推进全过程工程咨询工作。2019 年 3 月 15 日，国家发展改革委、住房城乡建设部联合印发《关于推进全过程工程咨询服务发展的指导意见》（发改投资规〔2019〕515 号），我们要协助行业主管部门跟踪全过程工程咨询工作的推进情况。今年 11 月份协会将组织召开工程监理与工程咨询经验交流会，积极推进全过程工程咨询服务工作的开展，希望地方协会和行业专业委员会积极推荐典型材料。

二、规范会员管理工作

（一）研究制定"会员信用评估标准"。为加强行业自律管理，今年协会已委托有关专家研究制订《中国建设监理协会会员信用评估标准》，明确信用等级、评价条件和方式。希望有关地方监理协会和行业监理专业委员会给予支持，共同推进建设监理行业诚信体系建设，促进会员单位诚信经营、个人诚信执业。

（二）建立健全"会员信用信息管理平台"。协会今年将与地方监理协会和行业监理专业委员会联手建立"会员信用信息管理平台"，寓日常管理与信用管理为一体，主要记载会员基本信息、优良信息、不良信息、履行义务信息等。刚才联络部周舒副主任向大家报告了协会建设"会员诚信管理平台"的设想，这项工作需要地方协会和行业监理专业委员会给予支持和配合。因为此项工作在探索进行，希望大家多提修改意见。目标是发挥大数据、互联网在促进行业诚信建设中的作用，逐步实现地方监理协会和行业监理专业委员会、分会与中国建设监理协会联网，达到信息共享。

（三）加强对个人会员服务费使用情况的监管。协会为规范个人会员服务费用支出，2017 年下发了《关于加强个人会员会费使用管理的通知》（中建监协〔2017〕10 号），请地方协会和行业监理专业委员会严格按照通知要求使用该项费用并按规定时间书面填报使用情况。

三、服务会员工作

协会现有单位会员近千家，个人会员十多万人，如何提高为会员服务的能力和水平，是亟待解决的问题。刚才，协会秘书处联络部原主任张竞同志作了"关于个人会员服务与管理工作有关事项的说明"，希望大家给予配合，共同做好为会员服务的工作。

（一）继续开展分区域个人会员业务辅导活动，指导地方监理协会举办业务培训活动。下半年协会将在山西、江西继续免费为会员代表开展业务辅导活动。希望地方监理协会和行业监理专业委员会积极组织会员代表参加。

对地方团体会员开展的业务辅导活动，本协会将在师资力量等方面给予支持。

（二）充实会员网络业务学习内容。为更好地服务会员，将信息化与服务会员有机结合，上半年我们已开办会员网络业务学习园地。为保证个人会员每年学时内容充实，为会员提供最新的政策指导和业务知识，下一步，我们要不断完善学习园地内容，将有指导性的文章、业务知识放进学习园地，供个人会员免费学习。按照今年工作计划，下半年将组织专家学者完成监理工程师培训、考试教材的修订工作。

（三）办好《中国建设监理与咨询》行业刊物，加强报刊对监理行业宣传报道。下半年协会将继续做好《中国建设监理与咨询》的征订和组稿工作，加大对行业热点难点问题、行业先进人物的报道，组织召开《中国建设监理与咨询》编委座谈会和通讯员会议，充分发挥协办单位的作用。希望地方协会和行业专业委员会、分会支持行业刊物的征订和组稿工作，多作宣传、多发现正面典型，为宣传本行业提供素材。

四、引导行业健康发展工作

（一）开展行业课题研究和推进相关课题转换为团体标准。下半年，协会将组织专家对深化改革完善工程监理制度、监理行业标准的编制导则、中国建设监理协会会员信用评估标准、房屋建筑工程监理工作标准、BIM 技术在监理工作中的应用、监理工作工（器）具配备标准、住房城乡建设部关于促进工程监理行业转型升级创新发展的意见（建市〔2017〕145 号）实施情况评估等课题进行验收。房屋建筑工程监理工作标准、BIM 技术在监理工作中的应用课题由早生同志进行指导，中国建设监理协会会员信用评估标准、监理工作工（器）具配备标准课题由我参与指导，温健同志负责深化改革完善工程监理制度、监理行业标准的编制导则等课题的指导工作，验收组长会后研究确定。

另外，根据监理行业发展需要和 2018 年课题研究成果情况，由北京市协会会长牵头带领行业专家对部分课题进行转换为团体标准工作也要抓紧进行，希望大家继续给予支持。

（二）通报参与"鲁班奖"和"詹天佑奖"监理企业和总监理工程师。在建筑业协会和土木工程学会支持下，下半年，协会将对参与"鲁班奖"和"詹天佑奖"监理企业和监理工程师进行通报。同时按照协会章程规定，经主管部门批准，协会将完成对会员表扬工作，以达到弘扬正气、树立标杆，引领行业发展的目的。此项工作需要地方监理协会和行业监理专业委员会严肃认真对待，按照要求时间完成推荐上报工作。

（三）开展纪念新中国成立七十周年主题征文活动。为纪念新中国成立七十周年，总结推广监理企业以监理为基础创新发展，开展项目管理和全过程工程咨询服务的成功经验，展示在工程监理和工程咨询服务中取得的成果，研究探讨监理差异化发展、多样化服务的模式，协会开展“纪念新中国成立七十周年主题征文活动”，请地方监理协会和行业监理专业委员会积极宣传，每个单位推荐 1~5 篇文章，共同做好此项工作。

（四）按照住房城乡建设部统一部署，完成协会与政府主管部门脱钩的相关工作。最近住房城乡建设部召开有关会议，秘书处将按照会议要求做好与政府主管部门脱钩的相关工作。

同志们，今年是新中国成立七十周年，让我们携起手来，在习近平新时代中国特色社会主义思想指引下，围绕行业发展实际，认真履行行业协会职能，不断规范行业工作标准和会员履职行为，促进供给侧改革，推动监理行业高质量发展。让我们共同努力，为祖国工程建设作出我们应有的贡献！

谢谢大家！

附件 2

王早生会长在全国建设监理协会秘书长工作会议上的讲话

各位秘书长、各位同事：

大家上午好！

继 7 月 9 日在长春召开的六届三次常务理事会，今天我们在重庆召开全国建设监理协会秘书长工作会议，很高兴跟大家一起来研究落实各项具体工作。常务理事会主要是研究、决策工作，秘书长会议则是为了更好地执行、落实决策。刚才学军同志代表秘书处作的报告，我完全赞同，请大家结合实际贯彻落实。下面我就重点工作强调以下几点：

一是要重视秘书处工作，创造性开展工作。协会所有决策事项都需要秘书处去执行和落实，这就要求秘书处工作人员要有责任感和使命感，结合实际情况，按照协会要求，开动脑筋，发挥主观能动性，创造性地开展和落实各项工作。一个协会工作做得如何，秘书处起着举足轻重的作用。各协会工作，目前的差异度还比较大，有的很活跃，做了大量工作，在会员当中的影响力与日俱增，值得大家学习借鉴，迎头赶上。

二是紧紧围绕党和政府要求、行业发展、会员服务三方面开展工作。当前要积极配合主管部门开展工程监理改革工作，要提高政治站位，要有高度的责任感和使命感，积极主动地开展改革工作。从监理行业面临的问题、行业发展的需要、承担的社会责任等方面提出切实可行的改革方案。为协助主管部门有效履职提供市场与专业保障，为行业营造健康发展、有序竞争的良好环境，为会员提供优质、规范、专业的服务。

三是加强工作交流、加大行业宣传。与设计、施工等兄弟行业相比，监理是个年轻的行业，很多同志对监理一知半解，甚至有不少误解。因此，我们亟须向社会各界宣传监理的作用，争取各方面的理解和支持。各协会要通过信息平台、微信公众号、网站、行业刊物以及举办论坛、讲座、培训等多种方式，加强工作交流、统一思想认识，加大行业宣传。大家相互学习，取长补短，共同进步，促进工程监理行业健康发展，保障工程建设高质量发展。

四是针对地域、行业的差异性进行分类指导。每一个地方都有数以百计的单位会员和数以万计的从业人员，协会工作的覆盖面很广，任务也很重。由于地理区域、经济发展、行业特点等方面存在较大差异，各省协会之间要多开展工作交流，要根据实际情况进行分类指导，切实提高监理履职能力和服务质量，发挥监理重要作用。

最后，欢迎各地方协会和行业专业委员会对中监协提出宝贵意见和建议，让我们一起努力，更好地为政府部门、为行业发展、为会员们做好服务。

中国建设监理协会2019年度第三期“监理行业转型升级创新发展业务辅导活动”在山西举行

2019年7月24日，中国建设监理协会在山西省太原市举办了2019年度第三期“监理行业转型升级创新发展业务辅导活动”。来自北京、河北、山西、内蒙古、河南、陕西六个地区的320余名会员代表参加了本次活动。山西省建设监理协会会长苏锁成到会致辞。活动由中国建设监理协会副秘书长温健主持。

中国建设监理协会副会长兼秘书长王学军对本次业务辅导活动做学习动员。希望大家认真学习，勤于思考，努力实践，勇于创新，为推进行业发展贡献力量。

中国建设监理协会会长王早生作“不忘监理初心积极转型升级 努力促进建筑业高质量发展”专题报告。要求监理企业和广大监理工作人员明确监理职责和定位，加强科技创新，打造学习型组织，推进行业转型升级创新发展。

本次业务辅导活动邀请了北京交通大学刘伊生教授围绕“准确理解全过程工程咨询、提升集成化服务能力”、上海同济工程咨询有限公司董事长兼总经理杨卫东围绕“工程项目管理的实践探索”、上海市建设工程监理咨询有限公司董事长兼总经理龚花强围绕“监理的风险控制”、河南省建基工程咨询有限公司总裁黄春晓围绕“BIM技术及逆向工程技术服务”、山东省建设监理咨询有限公司董事长陈文围绕“装配式建筑的应用发展与监理工作”、四川晨越建设管理项目集团董事长王宏毅围绕“晨越集团全过程工程咨询”等内容开展了系列专题讲座。

最后，王学军秘书长作总结发言，希望广大会员不忘初心，认真贯彻党的十九大和中央城市工作会议精神，紧密围绕住建部工作部署和行业发展实际，坚持稳中求进的工作原则，推进工程监理行业高质量发展。

王学军副会长兼秘书长在监理行业转型升级创新发展业务辅导活动的总结讲话

同志们：

中国建设监理协会组织举办的2019年度第三期“监理行业转型升级创新发展业务辅导活动”到此就要结束了。本期业务辅导内容广泛、关注点多、针对性实务性较强，专家们的授课专题明确、内容丰富，会员代表精力集中听讲，对所学内容认真思考，深刻理解，利用课间时间积极交流，应当说辅导活动取得了预期良好效果。

本次活动得到了行业有关专家和华北地区监理企业会员代表的大力支持，特别是山西省建设监理协会的鼎力协助，在此，让我们以热烈的掌声表示衷心的感谢。

目前，国家经济发展坚持稳中求进，监理行业发展更是处在关键时期，对于监理行业来说，怎样在供给侧结构改革中提高供给能力和水平，提高行业科技含量，促进技术进步和管理工作现代化，促进行业创新，推进行业高质量发展，是大家共同关注的问题。今天到会的各位专家精心准备的专题讲座，一定能为大家的工作提供有力的帮助。

此次业务辅导活动，协会领导高度重视，会长王早生同志亲临现场并作专题报告。他肯定了监理行业在社会发展中的作用，阐述了监理行业发展现状、面临的问题与挑战，指出监理行业要创新发展理念，为行业发展指明努力的方向。

中监协专家委员会副主任北京交通大学刘伊生教授从新时代监理行业转型背景下如何发展展开分析，围绕发改投资规〔2019〕515号文件《关于推进全过程工程咨询服务发展的指导意见》的要点，系统地阐述了全过程工程咨询理论，并分享了一些具有国际水平的全过程工程咨询企业的实例，提出工程监理企业发展全过程工程咨询的五项具体措施。给大家尤其是有能力的监理企业向全过程工程咨询方向发展提供了很好的理论参考。

中监协专家委员会副主任、上海同济工程咨询有限公司杨卫东总经理从我国工程项目管理发展历程出发，分析了各个时段项目管理发展的特点和现阶段国内主要的项目管理组织模式，明确了工程项目管理服务是一种提供集成化管理的咨询服务模式，并结合公司工程项目管理实践与大家分享了项目管理中四种模式和管理机构组建、项目管理服务内容等经验，应当对会员们有很大的启发。

中监协专家委员会主任委员、上海市建设工程监理咨询有限公司龚花强董事长结合实际案例，讲述了如何通过企业有效管控与个人有效履职来控制和规避风险，建议加强项目监理风险管控制度建设，满足法律法规标准及监理合同约定的各项要求。并希望广大监理从业人员依法执业、规范履职行为，达到尽职免责，对监理工作的风险控制有非常好的指导价值。

中监协专家委员会委员、建基工程咨询有限公司黄春晓总裁结合BIM的内涵与特点，通过3D模型、5D模型演示，生动清晰地展示了BIM在工程监理中对投资、质量、安全管理的应用，尤其是将激光扫描与BIM应用结合，增加了监理科技含量，相信对大家进一步认知BIM、应用BIM会有很好的帮助。

中监协专家委员会主任委员、山东省建设监理协会秘书长陈文同志就装配式建筑的应用发展与监理工作作了专题讲座。他分析了国内外装配式建筑发展概况，解读国内相关政策及标准，提出发展装配式建筑的重要意义和装配整体式混凝土结构工程施工监理控制要点，还就国内装配式建筑发展的前景做了展望。相信对大家关注装配式建筑有关的问题能得到启发和帮助。

晨越建设项目管理集团公司王宏毅董事长与大家分享了晨越集团以市场为导向，从项目管理起步，逐步建立起全过程工程咨询服务体系的发展之路。同时，晨越BIM技术在四川大剧院的应用，三维激光扫描技术在田湾核电项目的应用，以及合约管理、设计管理、无人机+BIM等综合咨询服务在市政工程自贡东部新城项目的应用，取得的成功经验，都给我们留下了深刻的印象。

专家们的讲课数据翔实、案例生动，既高屋建瓴、又深入浅出，与大家分享了权威的解读、新锐的观点、专业的理论和成熟的经验，引人深思，相信会对大家有所启发，也会有所收获。

相信此次业务辅导活动能使各位会员开拓视界，认清监理行业发展形势，拓宽工作思路，增强监理工作信心，对整个监理行业发展将起到积极的引导作用。面对改革发展中的各种问题和挑战，监理行业要不忘初心、牢记使命，认真贯彻党的十九大和中央城市工作会议精神，紧密围绕住建部工作部署和行业发展实际，坚持稳中求进的工作原则，发挥监理队伍在工程监理和工程管理咨询方面的优势，坚持监理制度自信、监理工作自信、监理能力自信、监理发展自信，发扬监理人在向业主负责的同时向人民负责、业务求精、勇于奉献、坚持原则、开拓创新的精神，根据市场和政府的需求不断规范工程监理行为和工程管理咨询工作，认真履行法定职责和合同约定的义务，提高履职能力和服务质量，肩负起历史赋予监理行业的责任，推进工程监理行业高质量发展。

希望通过本次活动，各位会员在成长与收获的同时一定要把本次业务辅导的理念与成果落实到今后行业发展和日常监理工作中，结合工作实际开拓创新，提高履职能力和服务质量，主动化解监理服务与业主需求之间的矛盾，切实推动责权利不对等矛盾的解决，推进工程监理行业高质量发展。

谢谢大家！最后，祝大家工作顺利、身体健康。

准确理解全过程工程咨询 努力提升集成化服务能力

刘伊生
北京交通大学教授、博士生导师，中国建设监理协会常务理事、专家委员会副主任

2017 年 2 月，《国务院办公厅关于促进建筑业持续健康发展的意见》（国办发〔2017〕19 号）（以下简称国办 19 号文件）首次提出，要“培育全过程工程咨询”。这一要求在工程建设领域引起极大反响，全国各地都在积极响应，探索推动全过程工程咨询的方式和途径。但从目前情况看，全国各地、各类企业对于全过程工程咨询的认识尚不统一，市场机制有待完善，企业综合集成服务能力也有待加强。

一、适应时代发展需求，理解全过程工程咨询特点

（一）深刻认识“培育全过程工程咨询”提出的时代背景。“培育全过程工程咨询”的提出，有其鲜明的时代背景。首先，正如国办 19 号文件所要求的，培育全过程工程咨询是为了完善工程建设组织模式，将传统“碎片化”咨询服务整合为整体集成化咨询服务。其次，正是由于培育全过程工程咨询适应了工程设计、监理、造价咨询等广大工程咨询类企业转型升级、拓展业务领域的实际需求，因而在行业中引起极大反响。再次，培育全过程工程咨询也是为了更好地适应国际化发展需求。建筑市场国际化不仅是国内企业要更好地“走出去”参与“一带一路”建设，还要考虑国内建筑市场进一步开放、更多国际公司进入我国对我们带来的挑战。正因为如此，国办 19 号文件提出发展全过程工程咨询的最终目标是“培育一批具有国际水平的全过程工程咨询企业”。

（二）准确理解全过程工程咨询的含义和特点。长期以来，我国对于工程咨询的理解尚不统一，经常将工程咨询理解为“投资咨询”，将其与工程设计、工程监理、造价咨询等并列。但在国际上，上述工作均属于工程咨询。而且，工程咨询不仅包括管理咨询，还包括技术咨询。结合国内外工程咨询实践，可将全过程工程咨询理解为：工程咨询方综合运用多学科知识、工程实践经验、现代科学技术和经济管理方法，采用多种服务方式组合，为委托方在项目投资决策、建设实施乃至运营维护阶段持续提供局部或整体解决方案的智力性服务活动。

这里的“工程咨询方”，可以是具备相应资质和能力的一家咨询单位，也可以是多家咨询单位组成的联合体。“委托方”可以是投资方、建设单位，也可能是项目使用或运营单位。这种全过程工程咨询不仅强调投资决策、建设实施全过程，甚至延伸到运营维护阶段；而且强调技术、经济和管理相结合的综合性咨询。

概括而言，与传统“碎片化”咨询相比，全过程工程咨询具有以下三大特点：

1. 咨询服务范围广。全过程工程咨询服务覆盖面广，主要体现在两个方面：一是从服务阶段看，全过程工程咨询覆盖项目投资决策、建设实施（设计、招标、施工）全过程集成化服务，有时还会包括运营维护阶段咨询服务；二是从服务内容看，全过程工程咨询包含技术咨询和管理咨询，而不只是侧重于管理咨询。

2. 强调智力性策划。全过程工程咨询单位要运用工程技术、经济学、管理学、法学等多学科知识和经验，为委托方提供智力服务。如：投资机会研究、建设方案策划和比选、融资方案策划、招标方案策划、建设目标分析论证等。全过程工程咨询不只是简单地为委托方“打杂”，只是协助委托方办理相关报批手续等。为此，需要全过程工程咨询单位拥有一批高水平复合型人才，需要具备策划决策能力、组织领导能力、集成管控能力、专业技术能力、协调解决能力等。

3. 实施多阶段集成。全过程工程咨询服务不是将各个阶段简单相加，而是

要通过多阶段集成化咨询服务，为委托方创造价值。传统的“碎片化”咨询服务如图 1 所示，全过程工程咨询要避免工程项目要素分阶段独立运作而出现漏洞和制约，要综合考虑项目质量、安全、环保、投资、工期等目标，以及合同管理、资源管理、信息管理、技术管理、风险管理、沟通管理等要素之间的相互制约和影响关系，从技术经济角度实现综合集成。

二、对标国际工程咨询公司，把脉国际化咨询公司特征

国办 19 号文件提出，“鼓励投资咨询、勘察、设计、监理、招标代理、造价等企业采取联合经营、并购重组等方式发展全过程工程咨询，培育一批具有国际水平的全过程工程咨询企业。”为此，我国投资咨询、勘察、设计、监理、招标代理、造价等企业应对标国际工程咨询公司，确定战略发展方向。

（一）代表性国际工程咨询公司业务领域。分析部分国际工程咨询公司业务领域，可为我国各类工程咨询企业发展全过程工程咨询提供参考。

1. 美国艾奕康（AECOM）公司。艾奕康公司是一家提供专业技术和管理服务的全球咨询集团，业务遍及全球 150 多个国家，涵盖交通运输、基础设施、环境、能源、水务和政府服务等领域。该公司在全球有 87000 名员工，包括建筑师、工程师、设计师、规划师，以及管理和施工服务等专业人员。2017 财务年度营业额超过 182 亿美元，2018 财务年度营业额达到 202 亿美元。近年来在美国工程新闻纪录（ENR）全球前 150 家国际设计咨询公司排名中位列第一。

艾奕康公司名称充分体现了其业务范围：A–Architecture（建筑设计）；E–Engineering（工程设计）；C–Construction Management（施工管理）；O–Operation（运营）；M–Maintenance（维修保养）。艾奕康公司宣称：世界上每一个地区的业主都在依靠本公司设计、建造、融资、运营其关键项目。公司凭借所拥有的丰富知识和与当地的广泛联系在项目全寿命期提供专业化服务。

艾奕康公司在中国拥有建筑设计综合甲级资质，通过旗下的城脉（Citymark）、易道（EDAW）、安社（ENSR）和茂盛（Maunsell）等从事多个领域的业务：①城脉：设计服务；②易道：解决复杂的土地问题，包括设计、规划和社会文化服务等；③安社：环境保护和能源发展的服务；④茂盛：基础设施建设、环境保护、建筑工程和项目管理。

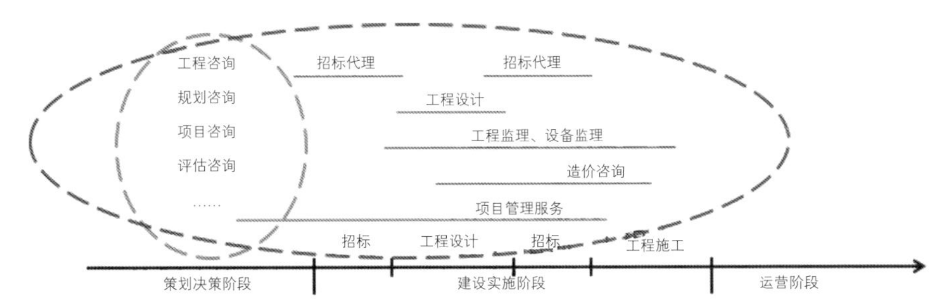

图1 传统的“碎片化”咨询服务

艾奕康公司对于 2016 年巴西里约奥运工程提供的咨询服务业务包括：建筑设计、工程设计、行人建模、规划咨询。其中，规划咨询具体包括：①费用咨询；②经济分析；③设施条件评估；④地理空间服务；⑤总体规划；⑥政府咨询；⑦技术标准咨询；⑧战略规划；⑨可持续能力咨询。

对阿联酋阿提哈德大厦工程提供的咨询业务包括：建筑设计和项目群管理 / 施工管理。其中，项目群管理 / 施工管理具体包括：项目群规划与管理；总进度计划及总进度分析；总体预算；设计管理；费用管理；移交与发包策略；费用估算；变更指令管理；价值工程；索赔规避；争议解决；试运行；设施条件全寿命期评估。此外，艾奕康公司还为我国苏通大桥、纽约大学上海校区等工程提供了咨询服务。

2. 丹麦科威（COWI）公司。科威公司是一家国际领先的咨询公司，活跃在全球工程、环境科学和经济学领域。科威公司创立于 1930 年，至今已在全球 175 个国家运作了 14000 多个项目。科威公司近年来在美国工程新闻纪录全球前 150 家国际设计咨询公司排名中位列 40 多。其业务范围包括：经济分析、管理与规划；水务与环境；地理信息与信息技术；铁路、地铁、道路与机场；桥梁、隧道与海床结构；建筑；工业与能源等。

科威公司对于微软丹麦新总部工程提供的项目管理咨询业务包括：场地购置、与市政当局谈判、交通、社区规划、环境评价、可达性评价、协调服务：主持施工与承包商会议、进度监督与合同管理。

科威公司对于丹麦新北（New North Zealand）区医院工程提供的咨询包括：任务组织建议、进度计划与控制、预算准备与财务管理、风险与质量管理、竞争建议、采购咨询。

此外，科威公司还在港珠澳大桥工程建设中参与了概念设计、初步设计及技术咨询和设计审查。

（二）国际工程咨询公司主要特征。综观境外工程咨询公司及其业务领域，一般具有以下主要特征：

1. 公司规模大，全球网络型组织，吸纳多国人才。如：美国艾奕康公司，业务遍及全球150多个国家，有近87000名员工；丹麦科威公司，业务遍及全球175个国家，有6600名员工，其中在挪威约有700名员工。

2. 规划设计多，技术咨询比例高，管理经验丰富。许多工程咨询公司拥有国际著名建筑设计团队，为业主提供规划、建筑与设计服务。如：2016年巴西里约奥运工程，工程咨询公司提供建筑设计与规划咨询服务；阿联酋阿提哈德大厦，工程咨询公司提供建筑设计服务；港珠澳大桥，工程咨询公司提供概念设计、初步设计和详细设计服务。

许多工程咨询公司还拥有一批工程管理经验丰富的顾问工程师，为业主提供高水平项目管理服务。如：阿联酋阿提哈德大厦，工程咨询公司提供项目群管理／施工管理服务；我国苏通大桥，工程咨询公司提供战略规划服务。

3. 项目为导向，工作流程规范化，弹性安排人员。欧洲，特别是英国，在早期即已用项目管理方式来实施重大工程，这种方式逐渐从公共领域延伸到私营领域，从大型工程延伸到几乎所有工程。对于现代大型工程，国际工程咨询公司会专门建立项目管理办公室（Project Management Office，PMO），来协调项目从构思、可研、设计和实施全过程的各项工作。而PMO人员往往都来自专业咨询机构，而不是业主内部人员。英国咨询公司还为所有公共项目专门制定了受控环境下的项目管理方法（Project in Controlled Environment，PRINCE2）。PRINCE2不是工具，也不是技巧，而是一种结构化项目管理流程和方法，作为项目管理的“公共语言”和“游戏规则”，政府要求所有公共项目参与者、咨询机构必须使用PRINCE2。

此外，由于工程项目的复杂性，项目实施过程中的计划和人力资源需要不断进行调整。为此，业主往往会与工程咨询公司签订框架式协议，以便工程咨询公司在项目需要时增减或调整专业咨询人员。

4. 信息积累多，推广应用新技术，注重信息管理。高水平全过程工程咨询需要实施信息集成管理。长期以来，我国传统的工程建设实施模式是以各参建单位个体为主要对象，项目管理的阶段性和局部性割裂了项目内在联系，“专而不全”“多小散”的企业参与，必然会导致项目信息流断裂和信息孤岛现象，致使整个工程项目信息数据缺失，大量成本、时间和精力被消耗在各种信息查找、重复收集、界面沟通和工作协调上。相比之下，国际工程咨询非常注重信息管理，很多大型工程咨询公司都会建立完备的信息采集机制，应用信息化技术建立数据库、知识库，能够在建设工程全寿命期统筹传递和利用项目信息。此外，国际工程咨询公司还会借助新技术促进工程创新。当我们还在探索建筑信息建模（Building Information Modeling，BIM）作为绘图工具时，英国皇家建造师学会（CIOB）、英国皇家建筑师学会（RIBA）、英国皇家测量师学会（RICS）等十几个学会共同建立BIM联盟，探索BIM技术应用。通过大力开发BIM、大数据和虚拟现实技术，提高工程设计和施工效率与精细化管理水平。

三、掌握全过程工程咨询本质，实施差异化发展战略

（一）全过程工程咨询有丰富内涵，切忌混淆相关概念。首先，不应将“制度”与“模式”相混淆。全过程工程咨询是一种工程建设组织模式，不是一种制度。工程监理、工程招投标等属于制度，制度的本质是“强制性”；而模式的本质是“选择性”。全过程工程咨询可包含工程监理，但不是替代关系。其次，不应将“全过程工程咨询”与“项目管理服务”相混淆。全过程工程咨询强调技术、经济、管理的综合集成服务；而项目管理服务主要侧重于管理咨询。有人甚至说，今天的“全过程工程咨询”就是过去的“项目管理服务”或“工程代建”。这种混淆视听的说法绝对不能有！工程实践中，企业可以接受委托从事“项目管理服务”或“工程代建”，但绝不能用“项目管理服务”或“工程代建”替代“全过程工程咨询”。第三，不应将“全过程”与“全寿命期”相混淆。全过程工程咨询业务可以覆盖项目投资决策、建设实施全过程，但并非每一个项目都需

要从头到尾进行咨询，也可以是其中若干阶段。而且，项目运营维护期咨询可看作是全过程工程咨询的“外延”。总之，培育全过程工程咨询，强调的是企业在实施全过程工程咨询方面业务能力的提升，而不是强调咨询业务范围的“全过程”。

（二）企业应实施差异化战略，切勿盲目跟风。在目前建筑市场管理环境下，发展全过程工程咨询，需要企业具有较大规模，拥有多项资质、多种人才和多类咨询业务基础，否则，只有采用联合经营方式提供全过程工程咨询。由此可见，发展全过程工程咨询，是一部分有潜力的大型综合型咨询类企业发展方向，并非所有咨询类企业之所能，这其中当然包括工程监理企业。为此，需要企业结合自身优势和特点，实施差异化战略。对于暂不具备条件发展全过程工程咨询的企业，需要主营既有咨询业务，将其“做专”“做精”。对于有潜力发展全过程工程咨询的企业，需要以既有咨询业务为基础，通过科技创新和管理创新，“做优”“做强”全过程工程咨询，提升工程咨询国际竞争力。

四、练就集成化服务能力，提供多元化服务模式

（一）结合企业实际情况，提升集成化服务能力。全过程工程咨询的核心是通过采用一系列工程技术、经济、管理方法和多阶段集成化服务，为委托方提供增值服务。企业要想发展为全过程工程咨询企业，需要在以下几方面作出努力：

1. 加大人才培养引进力度。全过程工程咨询是高智力的知识密集型活动，需要工程技术、经济、管理、法律等多学科人才。目前，我国多数企业拥有的人才专业相对单一，工程设计企业拥有执业资格人数最多的是注册建筑师、结构工程师；工程监理企业拥有执业资格人数最多的是注册监理工程师；造价咨询企业拥有执业资格人数最多的是注册造价工程师，其他专业人员较少，高素质、复合型人才更少。为适应全过程工程咨询服务需求，企业需要加大培养和引进力度，优化人才结构。

2. 优化调整企业组织结构。目前，除有些设计单位或少数特大型工程监理企业外，多数咨询企业内部采用直线制组织结构形式。这种组织结构形式职责清晰、管理简单，但难以适应全过程工程咨询服务需求。全过程工程咨询企业的规模一般较大，所涉及人员、部门较多，咨询服务时间跨度也大。为此，需要企业根据咨询业务范围，科学地划分和设置组织层次、管理部门，明确部门职责，建立适应全过程工程咨询业务特点和要求的组织结构。

3. 创新工程咨询服务模式。目前，多数工程咨询企业侧重于某一阶段或某一专项咨询任务，多数情况下由一家企业完成一项工程（或一个标段）任务。实施全过程工程咨询，要么需要通过并购重组扩大企业实力和资质范围；要么通过建立战略合作联盟，以联合体（或合作体）形式实现咨询业务的联合承揽；此外，对于承揽到的咨询项目，也需要建立适应全过程工程咨询的服务模式。

4. 加强现代信息技术应用。全过程工程咨询是一种智力性服务，需要大量的知识和数据支撑，绝不是在现场靠人头来凑数的。现代信息技术的快速发展和广泛应用，可为工程咨询提供强力的技术支撑。企业要掌握先进、科学的工程咨询及项目管理技术和方法，加大工程咨询及项目管理平台的开发和应用力度，综合应用大数据、云平台、物联网、地理信息系统（GIS）、BIM 等技术，为委托方提供增值服务。

5. 重视知识管理平台建设。实施全过程工程咨询，需要有大量的信息数据、分析方法，以及类似工程经验；培养高水平人才、解决工程咨询中遇到的问题、各项目团队间共享信息等，均需要有基于互联网的数据库、知识库、方法库。知识经济时代，建设知识管理平台，积累、共享、融合与升华显性知识和隐性知识已成为必然，也是工程咨询类企业的重要支撑。国际上一些领先的咨询公司都非常重视知识管理和项目数据积累，国内企业需要在这方面花大力气迎头赶上。

（二）根据咨询业务特点及委托方需求，可选择不同的实施模式。不同的工程咨询实施模式，有其不同特点和适用条件，企业可根据不同需求选择不同实施模式。

1. 独立式咨询模式。所谓独立式，是指工程咨询企业接受委托后，根据咨询业务特点和需求单独建立咨询团队，独立于委托方提供咨询服务，如图 2 所示。工程咨询实践中，多数咨询服务采用这种模式。

2. 融合式咨询模式。所谓融合式，是指工程咨询企业接受委托后，不单独建立咨询团队，而是根据委托方组织安排，将派出的专业咨询人员分别融入委托方相关工作部门，与其形成一体化咨询团队，如图 3 所示。采用这种模式时，工程咨询单位有可能不需要提交单独的

咨询报告。

3. 植入式咨询模式。所谓植入式，是指工程咨询企业接受委托后，根据委托方需求，将其建立的咨询团队“植入”委托方组织中，作为委托方职能部门之一，对外代表委托方进行工作，如图4所示。采用这种模式的重要前提是委托方特别信任工程咨询企业，这样才会委托咨询企业代其行使部分职责。

结语

发展全过程工程咨询服务既是完善工程建设组织模式的迫切需求，也是工程建设领域高质量发展的重要体现。推动全过程工程咨询发展，需要从“市场需求”“管理体制”“服务能力”三方面解决瓶颈问题，只有这“三驾马车”协同发力，才会改变传统“碎片化”咨询服务市场，开创全过程工程咨询新局面。

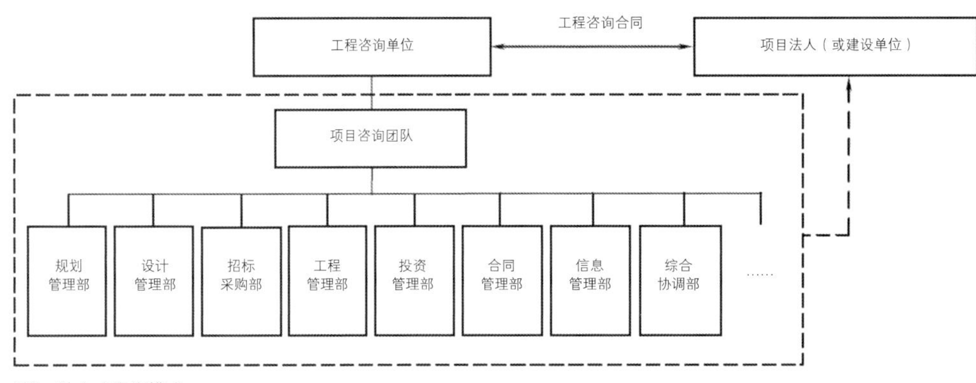

图2　独立式咨询模式

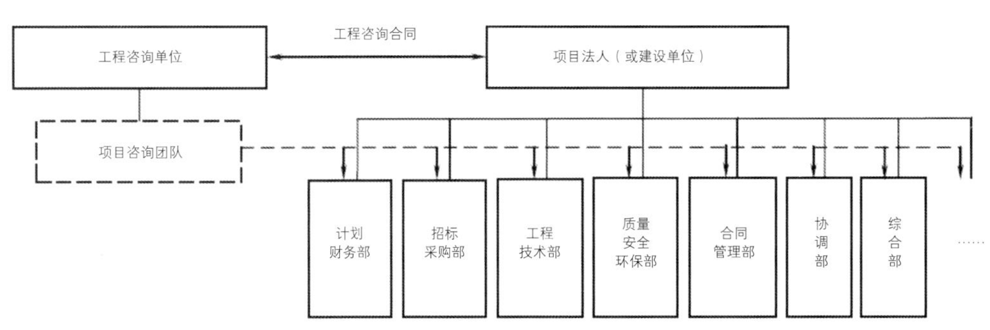

图3　融合式咨询模式

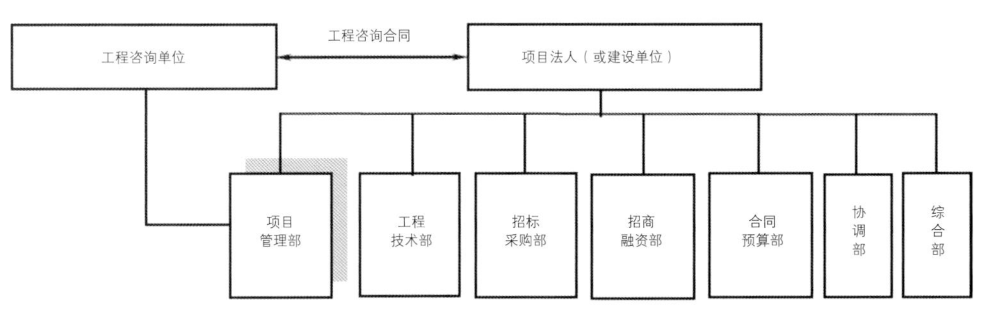

图4　植入式咨询模式

全过程工程咨询的实践探索

杨卫东　徐阳　李欣然
上海同济工程咨询有限公司

摘　要：本文总结了中国工程项目管理的发展历程，对全过程工程咨询进行了探讨，提出了集成化项目管理+单项工程咨询组合服务的“1+X”全过程工程咨询模式，诠释了全过程工程咨询的内涵、特征、范围和内容以及组织模式，并通过实践案例提供了可借鉴的经验。
伴随着改革开放的不断深入，中国综合国力不断增强，经济全球化把中华民族带到了世界经济的大舞台。借鉴国际上工程建设组织管理模式，总结中国改革开放四十余年的实践经验，研究适应中国新时代发展需要的全过程工程咨询理论和方法，采用更加科学、有效的建设工程组织管理模式，很有必要。据此，本文结合实践，作一些探讨。

一、中国工程项目管理的发展历程

中国工程项目管理的历史源远流长。从中国传统的工程管理实践到新中国成立时计划经济体制下的集权型管理，再到改革开放推进市场经济体制下引入西方工程项目模式，再到20世纪90年代工程咨询行业的专业化发展，一直到如今的全过程工程咨询集成化发展，中国的工程项目管理在一定程度上随着国家的发展趋势和特点而不断变革。在当前的形势下，回顾项目管理的发展历程，有助于把握未来发展方向，不断查漏补缺、推陈出新，为中国工程项目管理的明天作出应有的贡献。

（一）传统的工程项目管理

中国是世界文明的发源地之一，有5000年悠久的文化历史，几千年的中国古代建筑史是一部丰富多彩的文化史，充满着社会生活、历史文化、宗教信仰的积淀，建筑本身随着各个时代的不同而互异。按发展的阶段划分，宜将中国古代至20世纪40年代末的工程管理归于传统的工程项目管理阶段。在这一阶段，传统的工程项目管理具有以下特点：

1. 管理实践早

作为千年古国，传统的工程项目管理一直在摸索中革新并付诸实践，留下了许多令现代人所惊叹的工程，如战国时期的都江堰、秦代的长城、明代的紫禁城、清代的圆明园、民国时期的中山陵等。

2. 有国家级的管理机构

中国的项目管理很早就有国家级的组织管理机构。早在商代就设置了管理工奴的“工”官，周王朝和诸侯设有掌管营造的司空，春秋战国时期官府已掌握了全部重要建筑工程管理流程。秦代设将作少府管理土木建筑，汉代设将作大匠掌管修建宗庙、陵园等。隋代始设工部，主管制定有关建筑工程的法令规范，由将作大监实际管理工程。唐代设将作监，监下设四署，分管木工、土工、舟车工和砖石材料。明代工部设营缮所，内府又有营造司，另有总理工程处。清代继承明制，由工部主管全国性工程，制定工程法规，内务府设营造司，主管帝王宫殿、园林的建设。

3. 有一定的管理方法

经过长期的摸索实践，官府对设计施工制定了严格的规定，对工程项目的建造流程，从设计、施工、造价管理、质量管理等均作了总结。例如，在造价管理方面，很早就有了工料定额的管理制度。清代的“算房”，更是只专注于工料的预算和估价。

4. 缺乏完善的理论体系支撑

受制于当时的科学技术水平和人们认识能力的限制，传统阶段的工程项目管理是经验型的、不系统的，无法与现代意义上的工程项目管理相比。

5. 发展缓慢

宋代以后，随着西方国家经济实力的不断增强和工业革命后带来的发展，中国的工程项目管理开始落后，在清代至新中国成立前拉大了与西方国家的差距。

（二）计划经济体制下的工程项目管理

20 世纪 50 年代至 80 年代中期，中国工程建设在计划经济体制下采用建设单位（建设指挥部）、设计单位、施工单位、物资供应单位分工协作的模式，对国民经济的建设和发展作出了积极贡献。然而，这个阶段的工程项目管理中，体制所带来的弊端也十分明显。

1. 决策权高度集中

计划经济体制下决策权的高度集中，使得决策的科学性不能充分体现，不能充分发挥项目参与各方的积极性和能动性，设计、施工的话语权相对微弱，社会资源无法得到合理的配置。

2. 管理方式简单

计划经济体制下，工程项目管理分工协作模式常简单采用行政管理或企业管理模式。用行政手段管理项目，带来管理效率不高、投资效益低下等缺点。

3. 专业化水平低

大量的事实和经验证明：临时的、一次性组建的建设指挥部由于建设管理经验缺乏、专业化水平低下，一般缺乏科学的项目管理的手段和方法、缺乏专业的项目管理和技术人才。

4. 经验积累缺乏

由于建设指挥部的临时性，项目建成后，指挥部随即撤销，难以将经验或教训形成组织过程资产。导致项目管理年年“交学费”，不断犯同样的错误，造成投资的巨大浪费与损失。

而与此同时，国际上现代工程项目管理体系和方法通过大型工程项目（美国 1957 年的北极星导弹研制和后来的登月计划等）迅速形成并理论化，计算机网络技术、信息技术也开始应用于工程项目管理中。

（三）市场经济体制下的工程项目管理

1. “鲁布革”工程项目管理经验的启示

20 世纪 80 年代末，“鲁布革”水电站工程的建设，是我国第一个利用世界银行贷款并实行国际招标的基本建设项目。日本大成公司所建的引水隧道工程不仅质量优良，工期、造价合理，而其组织方式、管理模式更是令人耳目一新，从全行业生产方式变革的角度带来了冲击。通过“鲁布革”工程，我国建筑业找到了提升工程项目生产力的理论和方法，全行业进行了企业生产关系的大变革，从根本上结束了施工企业生产要素占有方式落后、生产要素流动方式落后和工程现场管理方式落后等状况，逐步建立起了一整套能促进项目生产力发展的新型施工生产方式。

2. 工程监理制度的推行

在改革开放、世行贷款投资项目引入等的背景下，我国工程项目管理模式的改革也紧跟脚步。1988 年工程监理制度的试点，极大地推进了中国工程建设组织管理模式的改革。工程监理制度建立之初定位于决策和实施阶段的全过程、全方位工程项目管理，属于业主方项目管理的范畴，为后续 90 年代前期工程咨询、工程造价、招标代理等专业化工程咨询和社会化管理服务的发展奠定了开创性的基础。时至今日，工程监理在发挥施工阶段质量和安全作用的同时，在推动新时期全过程工程咨询组织模式方面也发挥着重要的作用。

（四）新时代条件下集成化管理 + 专业化工程咨询的项目管理（全过程工程咨询）

近年来，中国的工程咨询行业得到了长足的发展，一方面是管理部门分工细化、咨询服务的专业化要求，推进了投资咨询、招标代理、勘察、设计、工程造价、工程监理等单项工程咨询的专业化发展；另一方面是对综合性、集成化咨询服务需求日益增长，推进了一体化、跨阶段全过程工程咨询的发展，且呈现了组织管理模式的多样化发展。2017 年国务院办公厅印发了《关于促进建筑业持续健康发展的意见》（国办发〔2017〕19 号），提出了“全过程工程咨询”的概念，其本质就是新时代条件下集成化管理 + 专业化工程咨询的项目管理，其主要呈现出 3 个特点：

1. 咨询服务覆盖范围广

咨询服务覆盖项目的全生命周期，包括策划决策、建设实施、运营维护等阶段。服务内容既包括管理咨询，又包括技术咨询等，兼而有之。

2. 强调智力型策划

要求工程咨询单位运用管理、技术、经济、法律等多学科的专业知识和工程经验，为委托方提供智力密集型的服务，完成投资决策、项目实施和运维等项目全生命周期各阶段的策划工作，如项目的环境调查和分析、目标的定义和论证、融资方案策划、组织管理策划、实施和运营策划、信息管理策划、风险分析和控制方案策划等。

3. 实施集成化管理

要求项目管理咨询单位统筹考虑项目投资、进度、质量、安全、环保等目标，以及过程实施管理中各要素之间的相互制约和影响关系，对项目的实施过程进行集成化管理，避免因项目管理要素独立运作而出现的漏洞和制约。

全过程工程咨询模式是以市场化为基础，以国际化为导向，与“放、管、服”相结合，加强运用和吸收了现代工程咨询和项目管理的理论和方法，促进管理效率和项目投资效益的提高，紧跟时代发展的脚步。

二、全过程工程咨询的理解

（一）全过程工程咨询的内涵

全过程工程咨询的内涵是项目全过程的集成化项目管理 + 各阶段专业化单项工程咨询服务内容的集成，是过程和内容的集成，简单表示为“1+X”，如图 1 所示。其中“1”表示决策、实施（设计和施工）、运营的过程集成管理，“X”是各阶段不同单项工程咨询服务组合。

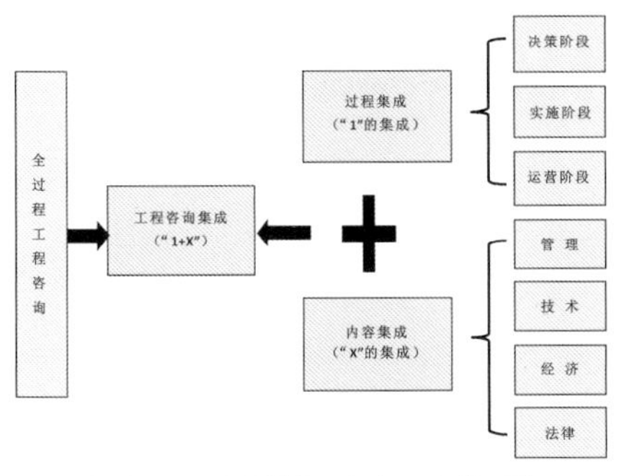

图1　全过程工程咨询的内涵表达图（“1+X”）

（二）全过程工程咨询服务的范围和内容

全过程工程咨询的服务范围涵盖项目的全生命周期，内容包括全过程集成管理（“1”）和各阶段专业化的单项工程咨询服务（“X”），如图 2 所示。

根据《关于推进全过程工程咨询服务发展的指导意见》（发改投资规〔2019〕515 号）精神，鼓励多种形式全过程工程咨询服务模式，除投资决策综合性咨询和工程建设全过程咨询外，咨询单位可根据市场需求，从投资决策、工程建设、运营等项目全生命周期角度，开展跨阶段咨询服务组合或同一阶段内不同类型咨询服务组合。表 1 为全过程各阶段单项工程咨询服务内容。

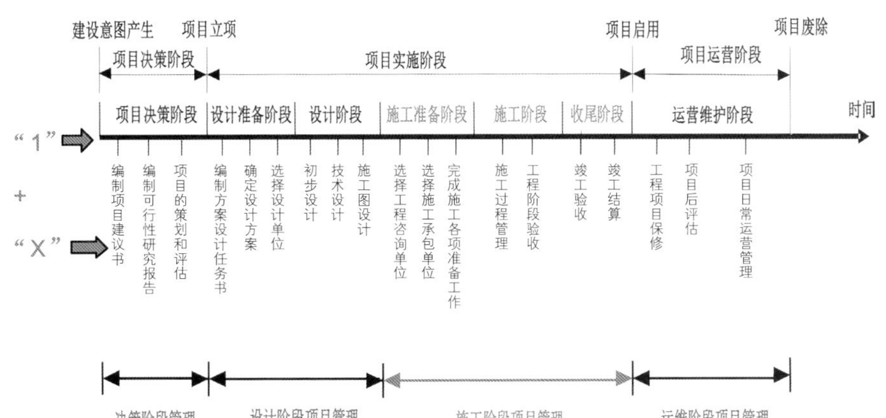

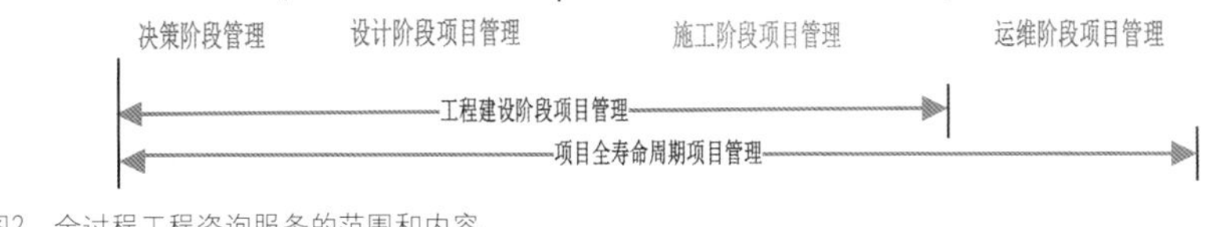

图2　全过程工程咨询服务的范围和内容

全过程各阶段单项工程咨询服务内容　　表1

阶段	单项工程咨询服务内容（X）
决策阶段	1）规划或规划设计（概念性规划、城市设计、交通规划等）； 2）项目投资机会研究（市场调研报告及其他）； 3）前期策划（定位策划和功能产品策划、产业策划、商业策划等）； 4）立项咨询（编制项目建议书、项目可行性研究报告、项目申请报告和资金申请报告）； 5）评估咨询（可研评估、环境影响评估、节能评估、社会稳定风险评估等）； 6）项目实施策划报告编制； 7）报批报建和证照办理
实施阶段（设计+施工）	8）工程勘察； 9）工程设计、设计优化、设计总包、设计管理等； 10）工程采购和招标单利（可拓展为全过程采购和招标代理）； 11）造价咨询（可拓展为全过程造价咨询）； 12）工程监理； 13）竣工结算
运营阶段	14）项目后评价； 15）运营管理方案制定； 16）设备管理和运维监控； 17）拆除方案咨询

三、全过程工程咨询的主要组织模式

工程项目的组织管理模式的选择是项目决策管理阶段重要的工作之一，它明确了工程项目管理的总体框架、运作方式、组织间的交叉模式及各方职责等。不同模式对后期的实施管理、运营管理阶段的管理难易程度、建设进度、质量、成本管理等都将产生完全不同的影响。因此，应结合项目特点、管理侧重点（质量、成本、进度等），选择正确的管理模式。根据业主方项目管理的能力水平、业主方现有的组织架构及工程项目的复杂程度，全过程工程咨询大致有以下三种组织管理模式：

（一）咨询顾问型模式

从事全过程工程咨询企业受业主委托，按照合同约定，为工程项目的组织实施提供全过程或若干阶段的顾问咨询服务。本模式的特点是咨询单位只是顾问，不直接参与项目的实施管理，如图3所示。

（二）独立管理型模式

从事全过程工程咨询企业受业主委托，按照合同约定，代表业主对工程项目的组织实施进行全过程工程咨询服务，由其组建团队负责对工程项目质量、成本、进度等进行管控。本模式特点是咨询单位不仅是顾问，还直接对项目的实施进行管理，咨询单位可根据自身的能力和资质条件提供单项咨询服务，如图4所示。

（三）一体化协同型模式

从事全过程工程咨询企业和业主共同组成管理团队，对工程项目的组织实施进行全过程或若干阶段的管理和咨询服务。本模式的特点是共同组队对项目实施管理、履行业主方职责。咨询单位可根据自身的能力和资质条件提供单项咨询服务，如图5所示。

四、全过程工程咨询管理实践

本公司作为住建部全过程工程咨询试点单位，积极深入全过程工程实践之中。希望通过公司实践案例，为行业全过程工程咨询的发展抛砖引玉。

（一）项目基本情况

某建设项目按照甲级标准智能建筑设计，以功能需求为出发点，以建筑为平台，兼备建筑设备、办公自动化及通信网络系统，集结构、系统、服务、管理的最优化组合，向业主提供一个安全、高效、舒适、便利的建筑环境。项目总投资15.2亿元，其中工程投资10.585亿元，项目计划建设周期48个月，其中施工工期36个月。

项目主要功能区域包括：通用办公、营业、领导办公、会议中心、保险金库、职工食堂及活动区域、车库、设备用房、管理用房等。

本项目管理服务内容覆盖项目全过程工程咨询，包括投资决策、项目实施（勘察、设计、施工以及竣工收尾全过程）阶段的全过程项目管理，具体内容包括前期策划及前期相关手续办理、招标采购管理、勘察设计阶段管理、全过程工程造价

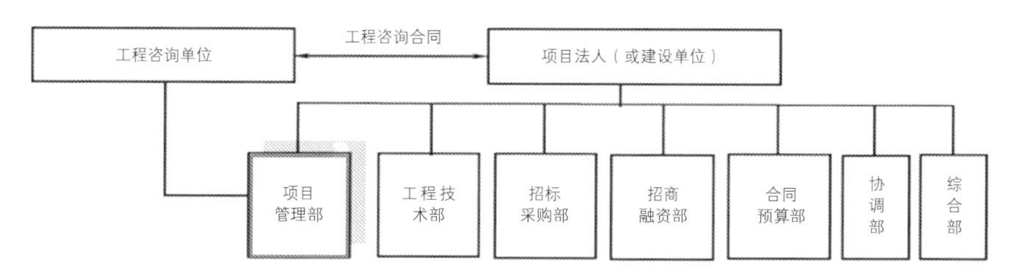

图3　咨询顾问式模式

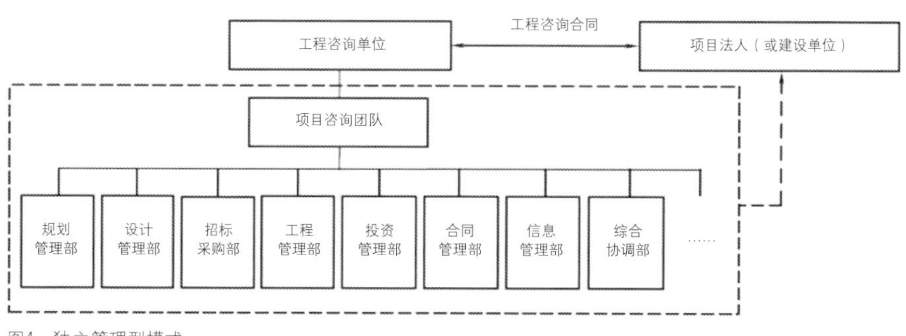

图4　独立管理型模式

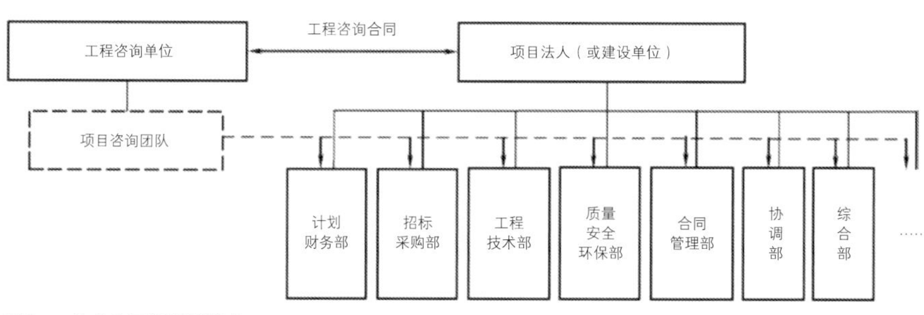

图5　一体化协同管理型模式

管理、施工、竣工验收和收尾等各阶段的投资、进度、质量三大目标的控制，以及合同、信息、风险管理和组织协调等。

（二）工程项目组织管理模式

该项目管理的组织模式为独立管理型模式。为此，公司针对项目特点，组建了如图 6 所示的项目管理机构，由项目经理对项目直接负责，项目总工程师、公司专家顾问组对项目提供管理、技术等支撑；组织内部设立前期及配套管理部、设计及技术管理部、工程管理部、投资采购及合同管理部、综合管理部，部门人员由常驻、非常驻人员构成。

在项目管理过程中，明确该项目采用项目经理负责制，并制定了《项目管理规划》，主要内容包括：

1. 工作的范围和内容。

2. 项目建设总目标和目标分解。

3. 完成组织机构设计、任务分工及人员安排。

4. 梳理咨询管理工作总体思路和重难点分析。

5. 制定咨询管理工作服务清单（含投资、进度、质量、风险安全、合同、信息、组织协调等）。

6. 制定咨询管理工作主要制度、程序和作业流程。

7. 确定咨询管理的工作方法、手段和措施。

8. 明确咨询工作的可交付成果。

（三）决策阶段服务工作

在项目决策阶段，公司为业主提供了以下服务：

1. 项目的环境调查和分析：如对场地建筑环境的调查，包括场地现状、周边状况、交通状况、基础设施条件、自然条件等。

2. 项目的定义与论证：主要完成了对项目的总构思分析、目标分析和论证、定位策划、功能策划、项目总投资及建设周期的拟定等。

3. 项目组织策划：由公司与建设单位指挥部联合形成管理团队，对项目的勘察单位、设计单位、监理单位、招标代理单位等进行统一管理。

4. 项目管理总体策划：对本项目进行总体策划，确定项目管理指导原则，完成总体资源分析、体系目标策划和论证、组织管理策划、资金使用策划等，细化完成各类规划体系，如质量控制体系、投资控制体系、安全控制体系、合同管理体系、信息管理平台、风险管理体系等，旨在最终指导项目具体实施。

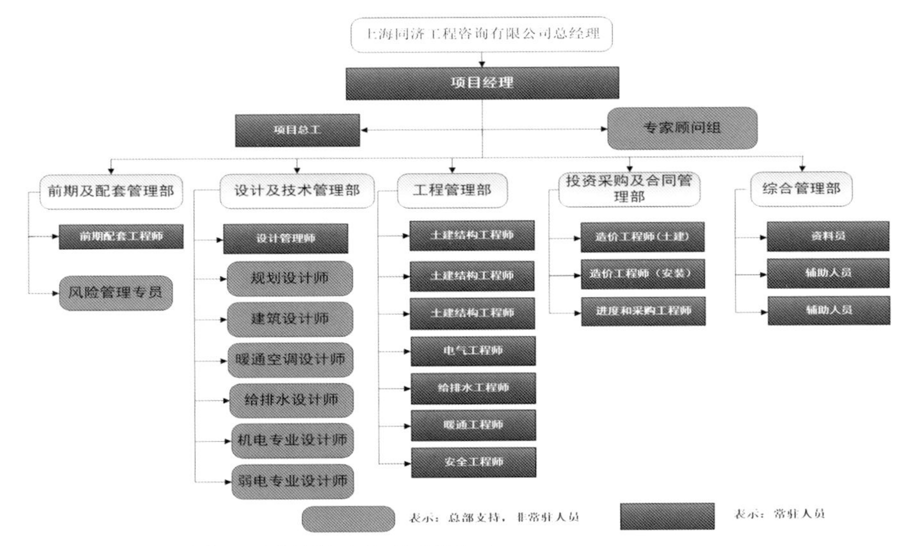

图6　某全过程工程咨询项目咨询单位组织管理机构结构图

5. 进度策划：通过制定总进度纲要（进度目标论证），进而分解制定总进度规划（项目实时指导性计划）、分区进度计划（分区实施控制性计划）、单体进度计划（单体实施控制性计划），为项目进度提供多层次、全方位的把控依据。

6. 合同策划：即对工程项目中相关合同的组织、策划、签订、履行、变更、索赔和争议解决的管理。在实践过程中，分为整体项目合同管理和单项合同管理。整体项目合同管理即根据项目承发包方式制定合同体系架构，这决定了准备接受的承包商数量和相关的项目合同体系、工程风险分配的原则、业主对项目实施的控制程度、对材料和设备的供应方式等。在该项目中，公司依据本项目结构分解（PBS）进行了本项目的合同结构策划。

7. 经济策划：包括项目总投资估算、项目建设成本分析、建设效益分析、资金需求及筹措方式、融资方案和资金需求量计划等。

8. 技术策划：包括技术方案和关键技术的分析和论证、工艺对建筑的功能要求、采用的技术标准和规范等。

9. 信息管理策划：包括信息系统及平台建设规划、信息管理软件选择、使用和维护的总体方案等。

10. 风险分析：包括对政治风险、政策风险、经济风险、技术风险、组织风险和管理风险等进行分析，制定风险管理总体方案。

（四）报批报建服务工作

充分了解项目建设背景、基本建设程序要求，整合勘察设计资源、设计内容并保持紧密联系，是项目报建报批的关键。

本项目在全过程咨询模式下，通过专人驻场、人员资源快速调配等措施更高效地处理发现的问题，有效缩短审批周期。对项目规划方案审查、用地规划许可证、国有土地使用证、立项批复、工程规划许可证、施工许可证、竣工验收合格书、房屋产权证等报批报建手续进行全过程跟踪办理。

（五）勘察设计阶段服务工作

该阶段，公司向业主提供了一系列勘察设计相关服务，通过各类评审、优化，夯实项目设计基础，在设计阶段评价施工阶段预期的风险，并及时优化或提供风险应对方案框架，为后续项目管理提供了依据。勘察设计阶段的主要服务产品包括：

1. 工程勘察过程：包括勘察招标、初步勘察、详细勘察、结果评审等。

2. 方案设计过程：包括设计任务书编制、设计招标、方案评审、方案优化。

3. 初步设计过程：包括初步设计审查、初步设计专家评审、设计优化等。

4. 施工图设计过程：包括消防、人防等专项设计审查、超高超限评审、施工图审查等。

5. 专项深化设计过程：主要包括整个勘察设计阶段各版本设计的设计审查等。

（六）施工准备及发包服务工作

在正式进入施工阶段前，公司为业主提供了详尽的施工准备和发包服务工作。

施工准备工作主要包括证照办理，文件审查、审批，提供施工现场、施工条件和基础资料，采购及合同管理等，如图7所示。

同时，在发包服务中，公司对项目招标进行了详细策划，如图8所示，确保招标的方式、合同条款、中标原则符合业主需求。

（七）施工阶段服务工作

施工阶段，项目管理的主要服务工作集中在质量管理、安全管理、进度管理、投资控制管理等环节。尤其是投资控制管理工作，应在项目全过程中保持连贯，以避免在施工阶段造成投资浪费。

1. 质量管理：

施工阶段质量管理可概括为3个方面：1）事前控制，做好实施准备工作；2）事中控制，包括工序活动条件质控和工序活动效果质控，如图9所示；3）事后控制，开展质量检查、验收及评定。

在该项目开展施工阶段的项目管理工作中，主要的质量控制方法可总结为：

1）项目经理审核质量计划，并监督检查监理和施工质量控制情况。

2）对日常施工，采用现场巡逻、抽查等方法监督检查施工管理质量。

3）对隐蔽工程、重要单项工程，采用组织和参与验收的方式监督控制工程质量。

4）对分部、分项工程，在施工单位进行质量评定并经施工监理办理验收手续后，由监理确认，项目经理负责审核，可抽查分部、分项工程质量评定的准确性。

5）对工程质量事故，在质量事故发生后及时组织和参与分析质量事故产生的原因；审核提出处理的技术措施和制定方案的要求，检查处理措施的效果并形成

图7　某全过程工程咨询施工准备阶段工作

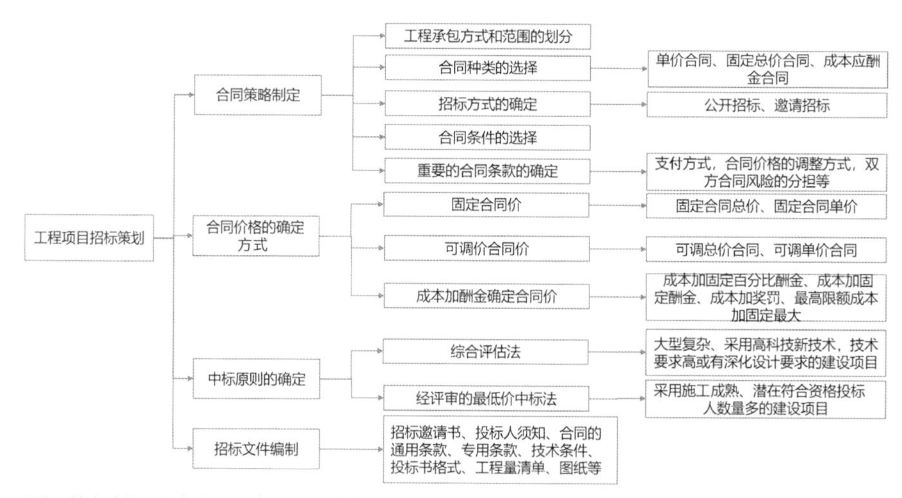

图8　某全过程工程咨询项目的工程项目招标策划示意图

“会议纪要”，并按照会议通过的正式方案或技术处理措施督促施工监理进行跟踪监督，对最后的处理结果形成书面记录。

6）对施工管理不合格品的控制执行“不合格品控制程序”。

2. 安全管理

安全管理的主要工作包括：

1）制定建设项目安全生产监督管理方针、原则，建立自身安全生产管理体系和应急预案。

2）遵守安全生产法律、法规，依法承担安全生产责任，保证建设工程安全生产。

3）督促参与各方建立安全生产管理制度，并通过监理单位检查其落实及运行情况。

4）为项目参与单位提供确保安全生产的基础资料，提供必要的、确保生产安全的支持。

5）编制工程概算时，应确定建设工程安全作业环境及安全施工措施所需费用，并应按规定支付。

6）应委托监理单位按规定审查专项施工方案，对监理及其他单位提出的安全生产隐患的处置要求应给予支持。

7）不得明示或者暗示施工单位购买、租赁、使用不符合安全施工要求的安全防护用具、机械设备、施工机具及配件、消防设施和器材。

8）不得指示强令承包人违章作业、冒险施工。

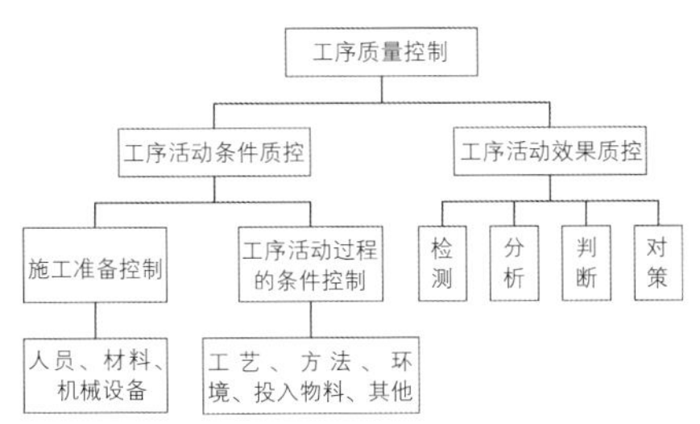

图9 某全过程工程咨询项目的工序质量控制

9）发生事故时，应与承包人一起立即组织人员和设备进行紧急抢救和抢修，减少人员伤亡和财产损失，防止事故扩大，并保护事故现场，同时应按国家有关规定，及时如实地向有关部门报告事故发生的情况，以及正在采取的紧急措施等。

10）不得对勘察、设计、施工、工程监理等单位提出不符合建设工程安全生产法律、法规和强制性标准规定的要求，不得压缩合同约定的工期。

3. 进度管理

进度管理是指对项目建设各阶段的工作内容、程序、持续时间、衔接关系根据进度总目标及资源优化配置的原则，编制计划并实施，然后通过进度检查分析进行纠偏，再付诸实施的循环过程，直至项目竣工验收。影响施工进度的主要因素有：自然条件、人为因素、技术因素、风险因素等。

4. 全过程投资控制

在过去碎片化工程咨询中，由于各阶段的实施单位不同，往往导致过程衔接出现缺陷，项目投资无法从项目启动开始得到连贯完整地把控，造成投资浪费或不足，因此全过程投资控制在当今全过程工程咨询中具有重要意义。本工程投资控制的主要工作包括：

1）在决策阶段，通过向建设单位提供决策参考，把握决策的准确性，为造价提供可靠前提。决策的内容是造价的基础，决策的深度影响了造价的精确度和控制效果。实施造价投资控制，可促进项目决策的实操性。

2）在设计阶段，实行设计招标制度、实施设计管理、推行限额设计、施工企业参与设计等方式，强化了各阶段的衔接，在设计阶段精准定位投资。

3）在施工阶段，通过形成投资计划、资金使用计划、预测投资，对施工单位投资完成情况进行考核、开展合同支付并预测合同价，根据合同类型对合同进行必要变更。此外，在该阶段通过合同管理、合同变更、索赔、支付管理、施工方案优化、投资计划管理、资金管理、竣工结算管理、投资预测、动态比较分析、信息管理等方式，加强对项目投资的把握。

5. 合同管理

在合同履行过程中，管理工程师提早预测并减少合同履行中可能的风险和变动因素，严格控制不必要和不合理的变更。

（八）效果评价

本项目由于实行了全过程工程咨询，整个建设过程业主方主要参与人员不到两人，业主方管理效率大大提高，前期决策、报建报批、勘察、设计、施工、造价、招标采购等全过程各项管理工作始终处于受控状态，各参与单位协同效应也大大提高，并确保了投资、进度、质量目标的顺利实现，无安全事故发生，得到了政府、业主、设计、施工等各方的好评。

结语

全过程工程咨询是顺应时代发展需求的产物，适应了中国建筑业改革和发展的需要，有利于提升工程项目投资决策的科学性，工程建设组织实施的统筹性，确保项目投资效益发挥。同时，促进了我国现代工程咨询服务体系的加快形成，推进了工程咨询行业组织结构的完善，提升工程咨询行业的国际化水平，也为工程咨询企业的转型升级提供了有效的途径。工程咨询企业也应抓住机遇，统筹规划、因地制宜、大胆实践，提升工程咨询服务的核心竞争力，适应历史发展的需要，实现新时代企业的转型升级。

浅谈工程结算审核的要点

石晶
浙江江南工程管理股份有限公司

摘　要：工程结算反映了工程项目实际价格，最终体现工程造价控制效果；要有效控制工程项目竣工结算价，必须严把审核关。本文从工程结算审核的主要内容入手，提出了工程竣工结算审核的措施。

关键词　结算审核　签证　设计变更　新增单价　工程造价

引言

竣工结算是工程造价控制的最后一关，若不能严格把关将会造成不可挽回的损失。现结合以往审核中出现的问题及处理意见，来谈谈结算审核的控制要点。

一、工程结算资料的审核

工程竣工结算审核是造价管理人员工作的重中之重，处理的问题较为复杂，其结果对施工单位和业主产生的影响比较大。在实际工作中，应做好以下几方面的工作：

1. 审核结算资料送审程序的合法性，所有相关资料的完整性、真实性、有效性和规范性。

2. 审核设计变更、现场签证等各个相关文件的完善性。

3. 对照监理工程师已签署有效的竣工图纸，到现场实地查看、了解实际施工情况，对重点部位或特别需要关注的设计变更、现场签证等实体工程进行逐一比对，查看其真实性。

案例一：为保证工程量计算的准确性与真实性，在工程施工过程中及隐蔽施工前，我都与业主委托的工程造价咨询单位以及施工单位一起到现场实际查看并测量，按实际施工情况计算工程量。某工程结算时发现，精装修单位施工的墙面以及顶棚的钢骨架竣工图纸与现场实际施工情况不符，要求施工单位按实修改竣工图纸。最终精装修单位在竣工结算时，都按现场实际测量的工程量进行了调整，比原图纸上的钢骨架工程量少了约300t，减少造价约200万元。

4. 具体审核报送的工程范围、执行的建设标准、材料封样、监理机构签认的各种资料的完善性和有效性。

5. 审核对有关法律、法规、部门规章以及当地建设行政主管部门的有关规定执行的及时性、有效性、合法性。

6. 审核招投标过程的合法性、合同签订及履行的合法性、工程款支付的合法性，等等。

7. 审核造价费率的符合性、工程量及造价计算的准确性、采用的价格信息的时效性。

8. 审核施工单位所提出有关诉求的合理性。

9. 为业主及公司提供增值服务，编写投资概算与实际审核完成的结算造价对比分析表。

二、新增单价的审核

新增单价是审计审查的重点之一，

对新增单价的审核首先要确认依据是否充分，其次审核价格构成的合理性。

1. 审查发生新增单价原因，新增单价的依据是否充分、合理，是否为清单漏项或是设计变更等原因引起的，确定是否发生新增单价。

2. 审核新增单价构成的合理性。依据合同、招标投标文件及相关法规审核新增单价，原则如下：

1）合同中已有适用的综合单价，按合同中已有的综合单价确定；

2）合同中有类似的综合单价，参照类似的综合单价确定；

3）合同中没有适用或类似的综合单价，由承包人提出新的综合单价，经发包人确认后执行。

新增单价审核的重点及难点是第三种情况。对施工单位上报的价格，材料价格有造价部门信息价的执行信息价，没有信息价的可以采取网络、市场询价等多种渠道，经双方确认合理的价格；对于没有相应定额和清单为依据计取人、材、机价格的，可以在现场实际测量，由监理工程师签认，通过测算得出合理的新增单价。

3. 新增单价审核注意事项：

1）对合同约定已固定的综合单价不予调整，如装饰铝板颜色改变、承包人原因材料档次提高、模板及支撑工艺调整等，综合单价均不予调整。

2）适用项目、类似项目的界定应清晰合理，如采用类似的项目单价的前提是其采用的材料、施工工艺和方法基本相似，可仅就其变更后的差异部分进行调整。

3）新增综合单价中人、材、机、管理费及利润组价要严格依据合同约定执行。

4）审查承包单位上报单价申请确认表中项目的项目编码、项目名称、项目特征、计量单位是否符合设计文件、合同及规范要求。

5）对于没有依据或依据不全的新增项目的综合单价不予确认。

6）材料、设备需询价时做好询价记录，以询价记录作为审核依据。

7）要仔细研究招标文件、清单及定额，要对施工单位上报的材料、设备进行调查，防止施工单位在名称和参数上做改动。如机械挖土方要人工清底，承包单位如套定额，定额本身包含人工清底工作。屋面刚性防水分隔缝，清单虽未列，但规范及投标文件技术标书中都对屋面刚性防水做法说明必须有分隔缝，所以视为施工单位投标时考虑了此部分费用。

三、签证的审核

工程签证的审核是审计机关将来要审计的重点，也是具有一定争议性和风险性的主要工作环节，应重点审核以下几项工作：

1. 按照项目管理制度和程序的有关规定，对照检查签证资料的申报、审批程序是否符合有关要求；签证（含影像）资料及其有关负责人的签字是否真实、齐全、日期是否有效。

2. 签证的申请理由是否充分、合理（非承包人的原因造成的费用或工期的增加）。

案例二：建议修改签证原因：为迎接全运会满足区执法局对文明施工的统一要求，需要对已经安装完成的围挡进行拆除，并把相关文件作为签证附件。

因投标措施费中已经包含一次围挡费用，故只能计取已拆除围挡的费用。

施工单位需要附监理签认的已经拆除围挡的详图，面层材料、横竖龙骨材质规格间距、材料重复利用率及残值，并附拆除前后对比照片。

3. 各位负责人签署的意见是否明确，事实确认是否清楚明了。

案例三：某工程结算时，幕墙施工单位上报的一个签证单："共享门厅的侧门斗拆除"，已经得到了各方的签字确认，但不能提供拆除前后的对比照片，作者经过现场实际查看，并向有关人员了解工程进行过程中的具体情况，最终确认了该门斗只是玻璃进场了，并未在现场安装，故审核时只给了玻璃损失的费用，没给拆除及安装费用。

4. 签证的提出是否与设计文件、招

表1

施工单位	临时围墙
签证原因	第一次施工的广告围墙1226m^2（306.4m×4m）：根据基建办要求对原有围墙拆除并重建，为达到标化工地的目标，施工做法参照万科的标准和要求组织施工其实际发生工程量及费用
签证内容	1.由万融施工的广告围墙1226m^2，骨架和镀锌板及安装每平方米单价为200.00元。广告布制作及安装每平方米单价为20.00元，费用小计269720.00元 2.拆除围墙640m^2，每平方米单价为50.00元，以上费用小计32000.00元 3.围墙砌砖抹灰刷涂料240m^2，每平方米单价为250.00元，费用小计60000.00元 4.围墙钢骨架包镀锌铁皮制作安装640m^2，平方米单价为150.00元，费用小计96000.00元 5.效果造型装饰柱制作安装5个，每个6400.00元，费用小计32000.00元 6.围墙广告布设计与制作安装1226m^{2}每平方米单价为25.00元。费用小计30650.00元 以上6项费用合计520370.00元

投标文件、合同、现行有效的各种规范，以及有关的法律法规相冲突。

5. 对于签证中的新增单价及措施费部分，要与签证价款一起审核；新增措施费要有监理工程师签认的方案及照片，要做到审核依据充分、合理。

6. 对签证价款的计取是否依规、合理、真实、准确；签证价款中人工费的计取原则：投标时填报计日工单价的，按投标计日工计取；投标时没有填报计日工单价的，按投标清单中人工费计取。

7. 签证中的事件要能准确计算出工程量，图纸中能准确计算工程量的，以图纸为准；图纸中不能准确计算工程量的，以监理工程师签认的人、材、机数量为准。

8. 不予确认的工程签证的几种情况：

1）招标文件、合同或协议中已明确不予调整的有关事项。

2）发生施工质量事故造成的工程返修、加固、拆除工作。

案例四：由于施工现场土质为软土地基，连续降雨造成已施工完成的集水井塌方，施工单位采取了基坑支护措施，申请由此增加的支护费用。

回复：依据招标文件约定，施工单位编制施工组织设计和施工措施计划，并对所有施工作业和施工方法的完备性和安全可靠性负责。此项费用已经包含在措施费中，实际施工图纸与招标时无变化，非不可抗力，故不予补偿。

3）施工单位为施工方便提出的施工措施的改变。

4）第三方责任的签证，由责任单位承担费用。

案例五：由于排练厅外墙漏水，导致排练厅内精装修单位完成的墙面腻子及乳胶漆大面积受潮，安装完成的地板变形需要重新更换，由此增加费用 46.6 万元。

回复：由于总包施工质量不合格导致外墙漏水，由总包承担费用。

5）由于施工单位自身原因造成工程无法计量，特别是隐蔽工程，未经过验收就进行下一步施工的。

6）超过申报时效期的签证。

7）由于施工单位的责任而导致的签证。

四、设计变更的审核

设计变更不仅关系到施工进度和工程质量，也对项目工程造价的控制有直接关系，应重点审核以下几项工作：

1. 在工程招标完成后，所有涉及设计调整的事项，包括图纸会审、施工联系单、设计洽商单等形式确定的设计调整内容，均应以设计变更的形式来体现，并按工程变更的程序进行审批。

2. 在工程招标完成后，不得以出新版图形式来规避工程变更审批程序。

3. 因工程变更导致工程造价超过概算批复限额的（包括超过概算批复的分项指标或分项投资），应进行工程投资动态控制流程管控。

4. 使用单位提出的涉及功能、规模和标准的变更，需以使用单位上级主管部门的名义发函建设单位提出变更申请。

5. 涉及结构安全、强制性标准的工程变更，报请原施工图审查机构审查后再批准实施。

6. 因设计变更或现场签证导致变更后的预算超过分项概算或者总预算的，应将工程变更报审计专业局备案。

案例六：某工程建设工期只有 16 个月，为完成建设目标，在建筑方案征集工作尚未结束时，采用模拟清单招标模式进行了招标。屋顶室内外分隔墙在招标时遗漏，面积较大，该一项变更就达到将近 300 万元。

1）此变更属于设计遗漏造成，应按设计变更程序进行。

2）计算按此变更后实际造价变化有多少，是增加了，还是减少了，以及所占比例有多大。工程变更引起的造价增减幅度是否控制在预算范围之内，若确需变更而有可能超预算时，更要慎重。

3）利用价值工程原理，进行方案优选，尽量选择经济合理的设计变更方案。确定此项工程变更后，由幕墙施工单位进行了深化设计，并上报了增加 300 万费用的申请。管理公司对深化设计图纸进行审核后，建议要充分利用原钢结构的支撑。经优化设计后，调整了钢结构一侧的钢材型号及间距，并得到了设计单位的确认。施工单位重新报价为 230 万元，优化后节约造价约 70 万元。

4）对变更价格进行确认。施工单位针对优化后图纸重新上报增加 230 万元的预算申请，经过管理公司和造价公司审核后，最终确认造价为 130 万元。与施工单位沟通后，双方对报价未能达成一致意见。最终甲方决定采取公开招标的方式确定了施工单位，工程中标价 135.5 万元，最终结算价格为 126.8 万元，节省造价约 100 万元。

案例七：

见表 2。业主从满足使用功能和造价分析综合考虑，选择了方案二作为最终变更方案。

五、工程量的审核

做好工程量的审核工作，在工程结算审核工作中起着决定性作用。审核工程量时，应注意审查施工图列出的细目与预算定额中的工程细目是否相一致，应注意审查施工图列出的计量单位，是否与预算定额中的计量单位相一致。

六、措施费及其他费用的审核

1. 严把工程取费关。

2. 严把材料价差关。

3. 严把人工费动态调整关。

4. 严把索赔价款的调整关。

七、今后工程造价控制应注意的问题

1. 重点审核工程量清单项目是否全面、有无漏项，清单项目特征描述是否全面、准确。对于清单及定额中没有计算规则的项目，要在清单项目特征中予以描述，避免在结算时发生争议。

案例八：在某工程结算审核中，施工单位提出的一项诉求是："U形铝方通装饰墙的工程量，应该按展开面积计算。" 作者认为应按水平投影面积计算。两种算法工程量相差2.8倍，涉及造价约120万元。此项招标清单没有明确描述计算规则，定额里也没有相应说明。我们认为当初招标时给的工程量是按水平投影面积计算的，竣工图与招标图纸没有变化。如展开计算，即为铝板面积。招标清单给的是铝方通的材料价格，而非铝板的材料价格，故只能按水平投影面积计算。此价格投标时施工单位比其他单位报的价格低30%，视为不平衡报价，也是施工单位本次提出诉求的原因所在。由此可见项目特征描述的重要性。

2. 对设计变更方案进行经济对比分析，是否有必要进行这样的设计变更，从经济分析的角度，给业主决策提供最有价值的参考意见。重大设计变更尽量要在变更发生前，与施工单位对造价变化达成一致意见，避免在结算时发生分歧。

3. 注重审核招标、投标文件，合同条款的规范性、严密性、准确性和完整性，细化合同条款，对施工中预计会发生、易引起争议的事项在合同中予以约束，避免索赔事件的发生。

屋顶、墙面保温设计变更对比分析表　　表2

	做法对比	合价	与原投标差价
原方案	1.100mm挤塑聚苯板保温； 2.6mm厚聚合物抗裂砂浆，中间压入两层耐碱玻纤网格布； 3.粘接剂粘贴	19.56万	
方案一	1.弹性涂料两遍； 2.涂刷封闭底漆一遍； 3.热镀锌钢丝网用胀管螺丝与墙体固定； 4.聚合物砂浆粘贴130厚复合玻璃棉板保温层（A级）； 5.1：3水泥砂浆找平	21.45万	+1.89万
方案二	1.弹性涂料两遍； 2.涂刷封闭底漆一遍； 3.3mm厚聚合物抗裂砂浆中间压入一层耐碱玻纤网格布； 4.粘接剂粘贴80厚挤塑聚苯板保温层（B1级）； 5.专用腻子两遍	16.75万	-2.81万
方案三	1.弹性涂料两遍； 2.涂刷封闭底漆一遍； 3.单面钢丝网聚苯乙烯保温板安装内外砖墙保温（保温厚度80mm）； 4.1：3水泥砂浆找平	14.95万	-4.61万

结语

工程结算审核是控制建设投资的最终环节和关键环节，它是一项既综合又专业性很强的繁杂细致的技术工作，是造价人员终身学习的必修课。将造价管理工作始终贯穿于工程项目建设的各个阶段，才能使其在有效控制工程造价中发挥应有的积极作用。

钢结构工程的监理要点

朱刚卉
上海东方工程管理监理有限公司

摘　要：监理在政府管理部门的网站对钢结构工程的专业分包单位资质和人员资格进行审核，钢结构工程属于危大工程，超过一定范围的钢结构工程施工方案应提交专家论证。监理督促施工单位使用备案的钢结构材料。监理在钢构件制作的驻厂监造和钢结构安装的现场监管两方面开展钢结构工程的质量、进度控制，并监督安全施工。

关键词　钢结构工程　监理　要点

一、钢结构工程专业分包单位资质和人员资格的审核

房屋建筑工程中的钢结构工程一般由钢结构构件的制造及安装厂家进行专业分包。监理单位项目监理机构的专业监理工程师审查施工总包单位报送的分包单位资格资料，主要审查：

（1）分包单位的营业执照、企业资质等级证书；

（2）安全生产许可文件；

（3）类似工程业绩；

（4）专职管理人员和特种工种作业人员的资格。

最后由总监理工程师签字。

监理宜在省、市住房和城乡建设管理部门、应急管理部门和行业协会等网站核对安全生产许可证、项目经理、专职安全员考核合格证书和特种工种作业人员资格证是否真实、有效。

二、专项施工方案的审查及论证

1. 专项施工方案的编制

钢结构工程属于危险性较大的分部分项工程（以下简称危大工程），其专项施工方案应当由施工总承包单位或危大工程专业分包单位组织编制。专项施工方案的主要内容应包括：（1）危大工程概况和特点、施工平面布置、施工要求和技术保证条件；（2）编制依据：相关法律、法规、规范性文件、标准、规范及施工图设计文件、施工组织设计等；（3）施工计划：包括施工进度计划、材料与设备计划；（4）施工工艺技术：技术参数、工艺流程、施工方法、操作要求、检查要求等；（5）施工安全保证措施：组织保障措施、技术措施、监测监控措施等；（6）施工管理及作业人员配备和分工；（7）验收要求：验收标准、验收程序、验收内容、验收人员等；（8）应急处置措施；（9）计算书及相关施工图纸。

施工总承包单位技术负责人及分包单位技术负责人共同审核签字，并加盖单位公章。

2. 专项施工方案的监理审查

专项施工方案应提交项目监理机构进行审查。总监理工程师审查方案的内容是否齐全，是否具有针对性、可操作性，是否符合工程建设强制性标准。最后由总监理工程师签字、加盖执业印章后方可实施。

3. 专项施工方案的专家论证

对超过一定规模的危大工程（如跨度36m及以上的钢结构安装工程，或跨度60m及以上的网架和索膜结构安装工程），施工单位组织召开专家论证会对专

项施工方案进行论证。实行施工总承包的，由施工总承包单位组织召开专家论证会。专家论证前，专项施工方案应当通过施工单位审核和总监理工程师审查。专家论证后，总监理工程师审查方案是否附有专家组最终确认签字的论证报告，是否按规定进行修改完善。

4. 根据总监理工程师审查通过的钢结构工程专项施工方案，专业监理工程师编制监理细则，总监理工程师审批。

三、材料的检查

上海市对钢结构工程用钢，实行备案管理。项目监理机构应将建材质量和使用情况纳入监理范围，监督施工单位使用备案的建筑材料，核查进场建材的备案证是否在有效期内。

工程施工前，监理人员应审查总包单位提交的"工程材料/构配件/设备报审表"并检查进场材料和构件的出厂证明、材质证明、试验报告，要求施工单位按规定将钢材、高强度螺栓等样品送交有资质的第三方检测机构试验，监理工程师现场见证取样和送样。施工现场不准使用不合格的材料和构配件。

四、钢结构构件的监造

钢结构专业监理工程师驻厂对钢结构构件的生产质量和进度进行监造，确保构件的生产和运输不影响项目施工质量和总进度。

1. 监理应了解、熟悉钢柱、H型钢梁和网架的螺栓球、焊接球、杆件等构件的加工制作工艺流程。

1）焊接箱形构件：零件下料和拼板，横隔板和工艺隔板的组装，腹板部件组装和横隔板焊接，上侧盖板部件组装、焊接和矫正，构件端面铣削加工，除锈和涂装。

2）焊接H型构件：钢板矫正，放样、排版，钢板下料，坡口制作，T型钢组立，H型钢组立，H型钢梁焊接，H型钢矫正，螺栓孔加工，锁口制作，除锈和涂装。

3）螺栓球：圆钢下料，钢球初压，球体锻造，劈面/工艺孔加工，螺栓孔加工，螺栓球标识编号，除锈和涂装。

4）焊接球：放样和切割下料，半球体压制，切割余量、制作坡口，加劲肋组装，球体组装焊接，无损探伤，焊接吊耳，焊接球标识编号，除锈和涂装。

5）杆件：钢管下料、锥头制作、杆件组装、杆件标识编号、除锈和涂装。

2. 监理的监造要点

1）焊接

监理督促钢结构构件生产商，对于需进行焊前预热或焊后热处理的焊缝，在整个焊接过程中焊道间的温度不得低于预热温度，预热宽度在焊缝两侧不小于100mm。钢构件的支承面同预埋钢板面顶紧接触面不应小于70%，且边缘最大间隙不应大于0.8mm。

焊接H型钢、翼缘板不应再设纵向拼接缝，只允许长度拼接，而腹板长度、宽度均可拼接，但翼缘板或腹板接缝应错开200mm以上。

驻厂期间，监理对接焊缝的余高、咬边、表面焊瘤、缩孔，角焊缝的焊角尺寸、咬边表面质量进行不少于20%的检查。一级、二级焊缝必须进行超声波探伤，监理旁站见证。

2）涂装

钢结构构件涂装前钢材表面除锈应符合设计和规范的规定，处理后的钢材表面不应有焊渣、焊疤、灰尘、油污、水和毛刺等。涂料、涂装遍数、涂装厚度均应符合设计要求，其允许偏差为−25μm，每层干漆膜厚度的允许偏差为−5μm。构件表面不应误涂、漏涂，涂层不应脱皮和返锈等，涂层均匀，无明显皱皮、流坠、针眼和气泡等。

3）预拼装

钢结构构件在出厂前的预拼装均应在工厂支承凳进行。支承凳或平台应测量找平，且预拼装时不应使用大锤锤击，检查时应拆除全部临时固定和拉紧装置。

4）运输出厂

钢结构构件在驻厂监造的监理工程师最终检查、签字后，方可运输出厂。

五、钢结构柱梁安装的质量控制

1. 吊装检查

1）吊装前对吊耳的焊缝进行检查，复核吊装用的钢丝绳吊点是否符合要求。

2）安装控制，当劲性钢骨架吊装就位后，底部紧固螺栓临时固定，再进行轴线对中，必须满足偏移小于3mm，垂直度偏差严格控制在5mm范围内。待调整合格后方可施焊，焊接前应该预热控制好温度。

2. 紧固件连接检查

扭力扳手应经过标定，每班使用前及班后应对扭力扳手进行复查，并做好检查记录。终拧后1h后、48h内监理应会同施工单位检查终拧扭矩。同时检查螺栓丝扣，外露应为2~3扣（允许10%的螺栓丝扣外露1扣或4扣）。高强螺栓初拧至终拧应在24h内完成。用检测扳手进行高强螺栓终拧扭矩检测。

3. 焊接检查

1）为保证工程焊接质量，施工单位必须在安装施工焊接前进行现场焊接工艺评定，根据焊接工艺评定的结果制定相应的施工焊接工艺规范。

2）当作业环境有风、水、气温等不利变化时，督促施工单位在钢梁吊装及其焊接时采取下列相应措施：

（1）当钢材表面潮湿时，用火焰对焊缝两侧 100mm 范围内进行烘干，焊接部位干燥后再焊接，避免焊接部位有气孔和钢材脆化。

（2）作业环境温度不应低于 –10℃。当焊接作业环境温度在 –10~0℃之间时，应采取加热措施，将焊接接头和焊接表面各方向 100mm 范围内的母材加热到 60~100℃再施焊。

3）检查所用焊条的产品质量证明书，焊条必须用干燥筒携带。

4）衬垫板为钢材时，应选用屈服强度不大于被焊钢材标称强度的钢材，且焊接性应相近；钢衬垫板厚度不应小于 4mm，钢衬垫板应与接头母材密贴连接，间隙不应大于 1.5mm。

5）焊接施工结束冷却 24h 后，根据设计和规范要求，在监理的见证下焊缝进行超声波探伤。焊接质量的验收等级：

（1）一级焊缝要求对每条焊缝长度的 100% 进行超声波探伤；

（2）二级焊缝要求对每条焊缝长度的 20%，且不小于 200mm 的长度进行超声波探伤；

（3）一级、二级焊缝均为全焊透的焊缝，不允许存在表面气孔、夹渣、弧坑裂纹、电弧擦伤等缺陷。

6）钢梁柱受力后，不得随意在其上焊连接件，焊接连接件必须在构件受力及高强螺栓终拧前完成。

4. 安装检查

1）钢柱钢梁的高强度螺栓孔不得任意扩孔，扩孔应征得设计院同意，扩孔后的孔径不应超过 1.2 倍直径。现场如需扩孔，应采用扩孔器或大号钻头进行扩孔，孔壁打磨光滑。如发现气割扩孔的现象，则要求施工单位立即采取在破坏的螺栓孔进行塞焊再重新钻孔的措施，按照图纸重新打孔，确保安装质量。

2）钢结构安装前监理采用经纬仪、全站仪检查钢柱定位轴线和标高。检查数量不少于 10%。安装时，必须控制屋面、平台等的施工荷载。

3）监理根据设计要求检查顶紧的节点，检查内容为接触面不应小于 70%，边缘间隙不大于 0.8mm。

4）用吊线、拉线、经纬仪、全站仪等对安装好的钢屋架、柱进行垂直度、轴线和标高检查。单层钢结构主体结构的整体垂直度允许偏差为 H/1000，且不大于 25mm；整体平面弯曲允许偏差为 L/1500，且不大于 25mm。多层及高层钢结构主体结构的整体垂直度偏差为 H/2500+10.0，且不大于 50mm；整体平面弯曲的允许偏差为 L/1500，且不大于 25mm。

5）监理在钢结构安装时进行旁站，监督施工单位做构件的中心线和标高基准点等标记、安装钢构件时的定位轴线对齐质量，以及钢构件表面的清洁度等。

6）采用扭矩法进行高强螺栓的施工。高强螺栓的初拧及终拧均应采用电动扭力扳手，扭矩值必须达到设计要求及规范的规定。不得出现漏拧、过拧等现象。

7）吊车梁不应下挠

六、钢网架结构安装的质量控制

1. 钢网架安装前，监理工程师用经纬仪、钢尺等工具检查支座定位轴线的位置、锚栓的规格、支座顶板的位置、标高、水平度，以及支撑垫块的安放质量等。

2. 网架的螺旋球和杆件预拼装后，杆件应放置平整，减少对球吊点板平整度及轴线偏差的影响。

3. 网架的焊接球节点与杆件采用坡口焊，焊缝等级为一级。网架焊接球吊点板须平整，无偏差。

4. 设置网架高程测量的永久标识。在每个方框的中点和柱间中点做标识。

5. 网架结构总拼完成后即屋面工程完成后，其挠度值不应超过相应设计值的 1.15 倍。

七、钢结构防火涂装的质量控制

涂层厚度≥ 40mm 的钢柱、钢梁和桁架，以及钢板墙和腹板高度超过 1.5 的钢梁，厚涂型防火涂料宜在涂层内设置与构件相连的钢丝网。

八、压型板安装的质量控制

压型板屋面和外墙在阳光照射下，其平整度显得异常明显，控制好压型板安装的平整度和垂直度显得尤为重要。屋面的压型板波纹线对屋脊的垂直度允许偏差为 L/800（L 为屋面半坡或单坡长度），且不应大于 25mm；墙面的墙板波纹线垂直度允许偏差为 H/800（H 为墙面高度），且不应大于 25mm，相邻两块压型金属板的下端错误允许偏差为 6mm。

九、验收

工程中的钢结构属于子分部工程，在施工单位自检合格的基础上，检验钢结构工程施工质量的验收记录，按照检验批、子分项、分项工程、子分部工程进行验收。

十、钢结构工程安全监督要点

1. 督促施工单位对钢构件上的吊耳焊缝进行一级探伤并获取报告。

2. 第一天安装钢构件，一定要形成稳定的框架结构后，才能收工。

3. 检查进场吊车的完好性及制动、限位装置的有效性和灵敏性；检查吊车的年检合格证，吊车司机的驾驶证和特殊工种作业操作证，起重工的特殊工种作业操作证。

4. 当下雨、6 级以上大风的时候，禁止高空作业和吊装作业。

5. 施工区域拉设安全警戒线，挂安全警示牌。施工区域及附近地面无杂物。检查施工区域及附近地面是否满足材料堆放、运输、吊装和施工人员安全通行的要求。

6. 检查钢塑绳、卸扣、手拉葫芦等吊装工具，确保其数量、规格符合方案和规范的要求，如有磨损必须马上更新。施工单位自制的登高钢梯和挂篮需有力学计算书。

7. 检查施工人员的安全帽、安全带、安全绳、劳防鞋等安全防护用品是否正确使用。

8. 在屋顶周围和屋脊位置焊接站杆，用来作安全绳（生命线）支撑点，用 Φ10 钢丝绳拉作安全绳，施工时施工人员须把佩戴好的安全带悬挂于安全绳上。

9. 检查施工单位的安全员、应急救援人员和装备是否到位。

10. 严禁高空掷物，小型工、机械必须采用专用包进行放置，每日施工完成，应及时清理放置在高空的施工工具、螺栓螺母、施工杂物等，避免造成高空落物事故。

结语

钢结构工程作为危险性较大的分部分项工程，监理应根据施工设计图纸、规范和编制的钢结构专项监理细则进行认真监督和管理，把握要领，抓好施工现场的质量管理和安全监督，督促施工单位精心施工，使工程质量满足合同、设计和规范的要求，施工安全。

参考文献

[1] 住房和城乡建设部．危险性较大的分部分项工程安全管理规定（住房和城乡建设部令 37 号）. 2018.
[2] 住房和城乡建设部. GB/T 50319—2013 建设工程监理规范 [S]. 北京：中国建筑工业出版社. 2013.
[3] 住房和城乡建设部．GB 50755—2012 钢结构工程施工规范 [S]. 北京：中国建筑工业出版社. 2012.

浅谈深基坑支护与土方开挖工程监理控制

段永霞
山西安宇建设监理有限公司

摘　要：本文采用一个实际工程案例，介绍深基坑工程基坑支护、降水、监测、土方开挖等各项施工过程的监理控制。

关键词　灌注桩　锚索　土钉墙　止水帷幕　降水　土方开挖　监测

目前城市区域的工程建设项目因地块的经济价值高并且需满足相应的功能要求，设计两层及以下地下室的深基坑已成普遍现象，此类工程项目多数与邻近建筑物等重要设施的距离在基坑开挖深度以内，且基坑范围内存在各种管道线路，周边环境较复杂，那么作为工程项目监理单位如何对深基坑工程施工进行监理控制，确保工程的质量与安全呢？在此，笔者通过一个工程实例浅谈一下深基坑工程施工的监理控制。

一、项目基本情况介绍

该项目位于城区中心地带，地下水位在自然地坪下 4m 左右，地下室两层，基坑的开挖深度 8m。场地西面是两幢 5 层住宅（距基坑外侧约 7m）和一个社区幼儿园（距基坑外侧约 20m）；北面是一栋 7 层住宅（距基坑外侧约 5m）；东面是市政道路（距基坑外侧约 20m）；南面是施工人员生活区，基坑周边部分区域埋设有电缆、给排水等管线。

基坑西面和北面采用灌注桩 1 排，1 道锚索支护系统，灌注桩直径为 800mm，间距 1.5m，深度 20m，灌注桩上部采用冠梁连接，冠梁横截面尺寸为 900mm×600mm，锚索长度 22m，桩间喷射混凝土支护；南面和东面采用钢管土钉支护 5 道，土钉间距 1.2m，长度 9~13m，挂钢筋网片喷射混凝土支护；基坑外围为 15m 深的水泥土搅拌桩止水帷幕。

二、深基坑主要监理控制分析

根据住房和城乡建设部颁布的《危险性较大的分部分项工程安全管理规定》的通知，该工程基坑属于一级基坑及超过一定规模的危险性较大的分部分项工程，基坑支护设计方案和施工方案应进行专家论证；施工方案的论证范围包括基坑支护、土方开挖、降水及基坑监测。监理单位应通过对施工现场的勘察，熟悉基坑支护设计图纸，再分析各影响因素的大小，确定深基坑施工监理主要控制项目：止水帷幕桩、支护灌注桩、抗拔锚索施工、土钉墙施工、土方开挖、降排水、基坑变形监测、应急预案、坑边堆载、临边防护及上下通道等工程。施工前，监理单位应根据已分析的主要监理控制项目的控制要点编制深基坑支护、土方开挖及降排水专项监理实施细则，作为今后工程施工中监理控制管理依据。

三、深基坑主要监理控制项目控制要点

1. 深基坑支护土方开挖及降排水专项方案的审查

作为监理单位总监理工程师，审批深基坑支护土方开挖、降排水、基坑支护、基坑监测专项方案前，应组织审查方案是否通过施工单位各职能部门的审查及企业技术负责人审批，内容有依据基坑设计图纸和周边环境针对性的编制，有质量安全保证措施。本工程属于一级基坑及超过一定规模的危险性较大的分部分项工程，施工单位应组织专家对专项方案进行论证，审查是否有根据专家的论证意见修编完整，在符合以上要求后才可同意审批实施该专项方案。

2. 灌注桩施工监理控制要点

基坑西面和北面的灌注桩成桩和锚索的施工质量对整个基坑围护的稳定安全起着决定性作用，灌注桩的主要施工内容是成孔、钢筋笼制作安装、桩芯灌注水下混凝土。本工程成孔采用泥浆护壁成孔工艺，成孔施工前，监理单位应先检查成孔机械设备的各项工艺参数是否满足灌注桩设计要求。施工时专业监理工程师应复测桩护筒的埋设位置和护筒顶标高，护筒顶应高出地面 20cm，埋入土中大于 1m，成孔过程测试泥浆的比重，终孔时要检查桩孔径、孔深、垂直度，钢筋笼安装后在施工单位二次清孔后测试孔底沉渣厚度应满足设计要求。灌注桩的成桩作业采取隔桩施工，钢筋笼制作安装，专业监理工程师重点检查纵向钢筋的型号、数量、间距、长度及保护层边耳的设置，纵向钢筋采用焊接连接，钢筋笼用吊车安装，注意防止吊装过程中钢筋笼散掉而发生安全事故。桩芯灌注水下混凝土应连续进行，不能中断，监理员进行旁站监理，检查混凝土导管应埋入混凝土内大于 2m，计算每桩混凝土用量充盈系数应不小于 1.1，检查最后灌注高度，应超出桩顶大于 50cm。灌注桩混凝土龄期达到时，下挖至冠梁顶标高破除桩头，在破桩头的过程中，监理工程师需检查不得将桩体中的钢筋截断，因灌注桩中主筋要与冠梁连锚固连接，检查冠梁中主筋和箍筋型号、数量、间距、长度，检查混凝土浇筑前桩头是否清理干净。

3. 钢管土钉墙施工监理工作要点

本工程南面和东面采用成孔注浆型钢管土钉（根据土层状态确定），钢管采用焊接钢管，规格 48×3.6（mm），监督检查土钉墙的施工按分层开挖、分层做土钉及混凝土面层的步序进行。在钢管土钉施工过程中专业监理工程师应检查：土钉墙的排数、间距、长度、土钉与水平面的夹角是否符合设计要求；钢管接长是否采用螺纹接箍连接并在接箍与管体间焊接牢固；注浆孔是否沿钢管周边对称布置；每个注浆截面的注浆孔取两个，注浆孔外是否设倒刺覆盖保护孔口，倒刺是否采用等边角钢，与钢管夹角 20°。注浆过程监理员要进行旁站监理，检查水泥浆的水灰比应为 0.5~0.6，压力不小于 0.6MPa，要确保每延米注浆量符合设计要求，且在注浆至管顶周围出现返浆后停止注浆；水泥浆龄期到达后监理工程师应组织抗拔试验检测验收，检测数量为土钉总数的 1%，且不少于 3 根。

4. 抗拔锚索施工监理工作要点

基坑西面和北面的锚索采用直径 15.2mm、抗拉强度 1860MPa 的低松弛钢绞线，长度达到 22m，多数要锚到施工场地外相邻建筑基底以下，施工前建设单位应提供场地内及受影响区域的地下管网线图、周边建筑物基础图纸，组织施工单位详细勘查现场，对影响到的地下管网位置或邻近建筑物基础的锚索，要及时与设计单位联系，采取针对性措施，避免锚索外锚到场地外，破坏已有的地下管线、建筑物基础从而引起事故，同时保证锚索的施工质量。锚索使用前专业监理工程师应对钢绞线、锚具、夹具及连接器进行检查验收，合格后才同意投入使用。锚索钻孔施工，要检查孔位置、转杆的角度、孔深度、终孔清孔，应注意间隔成孔。锚索体制作后需经隐蔽验收，重点检查一、二次注浆管安装、承载体安装质量与位置、锚索的长度、隔离架的间距，符合要求才可以隐蔽安装。严格控制锚索的注浆质量，注浆过程监理员要旁站监理，检查注浆压力、水泥浆的水灰比，水泥浆要随拌随用，要确保每延长米的水泥用量，控制一、二次注浆的时间间隔，一般在一次注浆后 24 小时（强度达到 5MPa）完成二次注浆。锚索的张拉采用“双控法”，即张拉力与锚索伸长值来综合控制应力，以控制油表读数为主，用伸长量校核。水泥浆龄期到达后监理工程师应组织抗拔试验检测验收。检测数量为大于锚索总数的 5%，且同一土层中锚索检测数量不少于 3 根。

5. 土方开挖监理控制要点

土方开挖应在锚索抗拔试验满足设计要求后才能进行，开挖时严格遵循分层开挖、严禁超挖的控制原则，监督施工单位做好对作业人员和机械设备操作工的安全教育及技术交底，按设计要求控制土方分层开挖深度，分层分段均衡地开挖，应与支护结构的设计工况相吻

合，使支护结构受力均匀，严禁超挖。检查车辆运输土方坡道坡度，控制土方临时边坡坡度，防止土方坍塌。土方分层开挖后钢管土钉及面层混凝土喷射和锚索及灌注桩间喷射混凝土支护及时跟进，混凝土强度满足要求后方可进行下一步的开挖施工。桩顶冠梁及喷射混凝土支护专业监理工程师应对土钉墙喷射混凝土面层的钢筋网进行隐蔽验收，对冠梁及桩间喷射混凝土支护时植钢筋的数量、间距、植入桩身长度检查验收，并按规定做拉拔试验检测。

6. 降排水监理工作要点

止水帷幕施工质量直接影响周围建筑物的安全，要引起足够的重视。本工程止水帷幕为双轴混凝土搅拌桩，采用二喷四搅工艺，施工时专业监理工程师应重点控制：水泥的品种、标号是否符合设计要求；检查钻头直径，保证桩径偏差 <4% 设计桩径；检查桩机定位偏差（<50mm）；检查桩架水平度及垂直度，保证成桩垂直偏差 <1%；检查钻孔深度，喷搅时下钻和提钻速度、搅拌提升时间和复搅次数（保证桩体的密实均匀）；水泥浆的黏度和用量以及接缝处的处理；土方开挖后严密观测止水帷幕桩的渗漏情况，发现异常及时处理解决。土方开挖应与降排水配合进行，避开雨季施工，要求施工单位在基坑顶设置截水沟，坑底四周做排水沟和集水井，确保坑内不积水。检查降水井应按设计要求的位置布置，降水井施工时应检查水泵扬程、套管过滤网安装、井孔深度，抽降水时要有专人维护，不能中途中断，降排水过程注意观测周边建筑物、地下管线等变形情况，必要时应采取回灌措施。

7. 基坑监测监理工作

基坑监测工作，由建设单位委托具有相应资质（需为工程测量和岩土工程双资质）的专业监测单位负责，监测前监测单位应编制基坑监测专项方案，且经专家论证及监理单位审查认可后才能实施，必要时还需与周边环境涉及的有关单位协商一致。监测项目包括：边坡顶部水平位移、边坡顶部竖向位移、支护桩内力、锚索应力、地下水位、周边地表竖向位移、周边建筑物竖向位移倾斜水平位移、周边建筑物地表裂缝、周边管线变形，从降水期间到基坑土方开挖到地下室施工阶段，应注意观测点的保护。监理单位监督监测单位按方案规定履行监测职责，及时收集每期的监测报告，审查各监测项目监测点的数据，监测值要满足设计要求，当监测值达到预警值应立即启动项目应急预案，对支护结构或周边的保护对象采取应急措施。现场采用仪器监测与巡视检查相结合的方法，对关键部位做到重点观测，项目配套并形成有效完整的监测系统，专业监理工程师要对每期监测数据及时查看、分析，并将监测结果及时向建设单位及相关单位做信息反馈通报，以便根据数据的变化情况调整施工方案，确保基坑及周围环境安全。

8. 应急预案监理工作

基坑支护工程施工前，监理单位应审查应急专项应急预案，督促施工单位成立应急领导小组，明确责任，配备应急物资、工具，机械设备，组建应急抢险队，制定应急响应处理措施，当发现危及人身安全和公共安全隐患必须要求立即停止施工，排除隐患后方可恢复施工。

9. 坑边堆载监理控制要点

基坑施工阶段，现场的场地较狭小，基坑边禁止堆放材料或停放机械设备，控制影响范围内的材料堆放高度。注意检查地下室施工混凝土浇捣时混凝土泵车泵送作业及载重车辆行走对基坑支护稳定是否有影响。

10. 临边防护、上下通道搭设监理工作

基坑顶周边临边应要求施工单位搭设防护栏杆，高度 1.2m，有稳定固定措施，栏杆下设置挡脚板，栏杆上挂设密目式安全网且防护严密，要防止物料从栏杆下口滑落到基坑内，人员上下基坑应要求搭设上下通道，在土方开挖时同步设置，宽度大于 1m，坡度小于 1：3，与基坑支护结构连接，设置拉结点，要确保稳定。通道脚手板有人行防滑条，架体两侧挂设安全网严密防护。

结论

因土层及周边环境的个性及施工过程中的不可预见性，深基坑支护与土方开挖工程是整个工程建造监理工作的重点和难点，实施过程中有一个关键要点未控制好，支护结构存在质量安全隐患都可能诱发重大质量安全事故。所以，在实际施工过程中必须从源头把控，做到事前控制重于事中控制，事中控制重于事后控制，方能将安全质量风险降至最低。

浅析建筑围护系统节能监理控制

孙润
武汉华胜工程建设科技有限公司

摘　要：建筑节能是关系到我国建设低碳经济，保持经济可持续发展的重要环节，因此，加强建筑围护系统节能施工质量的控制，对提高能源使用效率至关重要。

关键词　节能　保温　外墙　屋面　外窗

华中科技大学同济医学院附属协和医院综合住院楼工程是集医技、手术、住院为一体的综合住院大楼，总建筑面积 91813.8m²，其中，地上部分建筑面积 83935m²，地下部分建筑面积 7878.8m²，地上 24 层，地下 2 层，建筑高度 99.9m。

一、屋面保温系统

（一）屋面构造做法

根据保温层与防水层的上下层关系，屋面构造做法分为正置式屋面和倒置式屋面系统。华中科技大学同济医学院附属协和医院综合住院楼工程屋面工程设计为：结构层→50 厚 XPS 挤塑板（B1 级）+ 150 厚加气混凝土砌块→找坡、找平层→防水层→隔离层、保护层，属于典型的正置式屋面构造系统。

（二）施工准备

屋面工程施工前，要认真核实结构、建筑、暖通及电气等各类施工图纸，对于设计要求的各类预留洞口、水落口、通气孔、预埋管线等，严格按图施工，避免屋面工程施工完毕后，再次开洞、开槽从而影响屋面保温和防水的施工效果。

进场的保温材料应由施工单位向专业监理工程师进行报验，专业监理工程师应对进场的保温材料外观质量进行检查，同时应对保温材料进行见证取样复检，复检项目为导热系数、表现密度或干密度、抗压强度或压缩强度、燃烧性能。根据设计和规范的要求，及现场材料进场的批次，在施工过程中共对武汉市中逸恒节能材料有限公司生产的 XPS 挤塑板进行 3 组见证取样送检，样品送至湖北陆诚建设工程质量检测有限公司进行检验；对武汉利友新型墙体材料有限公司生产的 150 厚加气混凝土砌块进行 4 组见证取样送检，样品送至湖北一检建设工程质量检测有限公司进行检验，检验结果均符合设计及规范要求。

（三）施工过程及验收检查

屋面施工前，应依据屋面排水沟、分水线、透气孔等进行排版，将排水沟、分水线、透气孔位置弹设控制线。XPS 挤塑保温板铺贴前基层应平整、干燥、干净，保温板应依线错缝铺设，紧靠在基层表面上，板块间的缝隙，应用同类保温材料嵌填密实，且相邻两板板面拼缝处表面应平顺，保温板块之间的拼缝，不得有砂浆，以免形成热桥。

保温板铺设完成后，进行隐蔽验收和检查，验收合格后，干铺 150mm 厚加气混凝土砌块，加气块应错缝铺设，合理控制块材之间的间隙，铺设完毕后

正、倒置式屋面构造系统分类　　表1

类别	构造做法	特点
正置式屋面	保护层 隔离层 防水层 找坡层、找平层 保温层 结构层	1.需要设置排气孔； 2.容易蹿水； 3.保温层施工遇雨季，影响施工进度； 4.对于上人屋面，由于防水层下面有一层抗压强度较低的保温层，易造成防水层破坏； 5..与结构层直接接触，有良好的热保护功能，有效地防止屋面内部结露； 6.适用于保温隔热要求高于防水要求的地区
倒置式屋面	保护层 保温层 隔离层 防水层 找坡层、找平层 结构层	1.不用设置排气孔； 2.漏水维修时工作困难，需要破坏保温层，保温系统的破坏不影响防水层； 3.防水层多了一道保温层的保护，提高了防水层的耐久性； 4.防水层直接设置在结构找平层上，对水落口、突出屋面的构筑物等防水薄弱节点部位容易进行加强处理； 5.保温材料需要采用吸水率低、耐气候性强的憎水性材料； 6.适用于防水要求高于保温隔热要求的地区

根据分水线和排水沟的位置，按最薄处20厚、2%的坡度打灰饼控制标高，然后铺设1∶8水泥加气混凝土碎渣进行找坡层施工。在屋面保温工程开始施工时，施工单位擅自取消干铺150mm厚加气混凝土砌块，直接在XPS挤塑保温板上铺设水泥加气混凝土碎渣找坡层，严重影响屋面保温层的保温效果，监理人员发现后予以坚决制止并及时发出监理通知单，在监理人员的要求下，施工单位及时进行整改并按图施工，保证了屋面保温的施工质量。

保温层施工完毕后，应由专业监理工程师组织施工单位质检员、施工员进行验收。保温层宜按屋面面积每500～1000m^{2}划分为一个检验批，不足500m^{2}应按一个检验批，对于保温层的检查验收应按屋面面积每100m^{2}抽查1处，每处应为10m^2，且不得少于3处。

（四）排气孔的构造

本工程屋面设计为正置式屋面，因此保温层施工时应设置排气道和排气孔。根据设计及规范要求，结合现场实际情况，施工过程中纵横向6m左右设置排气道，排气道宽度为120mm，铺设粒径40mm的碎石，在纵横向交叉点处设置一个排气孔，埋设50PVC排气管道，管道上留设5mm透气孔，屋面成型后排气管道上方设置基座及不锈钢装饰材料。

XPS挤塑保温板厚度允许偏差　　表2

名称	允许偏差
XPS挤塑保温板	－5%且不大于4mm

XPS挤塑保温板、加气混凝土砌块检验项目　　表3

材料名称	组批及抽样	外观质量检验	物理性能检验
挤塑聚苯乙烯泡沫塑料板	同类型、同规格50m^{3}为一批，不足50m^{3}时的按一批计 在每批产品中随机抽取10块进行规格、尺寸和外观质量检验。从规格、尺寸和外观质量检验合格的产品中，随机取样进行物理性能检验	表面平整，无夹杂物，颜色均匀；无明显起泡、裂口、变形	压缩强度 导热系数 燃烧性能
加气混凝土砌块	同品种、同规格、同等级按200m^{3}为一批，不足200m^{3}的按一批计 在每批产品中随机抽取50块进行规格、尺寸和外观质量检验。从规格、尺寸和外观质量检验合格的产品中，随机取样进行物理性能检验	是否缺棱掉角；裂纹、爆裂、黏膜和损坏深度；表面疏松、层裂，表面油污情况	干密度 抗压强度 导热系数 燃烧性能

XPS挤塑保温板复检结果　　表4

组数	压缩强度（kPa）		导热系数W/（m·K）		燃烧性能		结果
	标准值	检验值	标准值	检验值	标准值	检验值	
1	≥150	177	≤0.030	0.028	B1	B1	合格
2	≥150	171	≤0.030	0.027	B1	B1	合格
3	≥150	170	≤0.030	0.028	B1	B1	合格

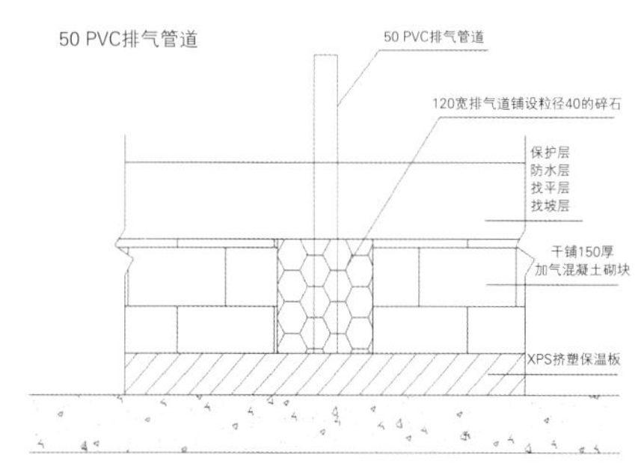

图1　排气道、排气孔节点示意图

图2　屋面排气孔成型效果图

保温板施工允许偏差和检验方法　　表5

项目	允许偏差	检验方法
表面平整度	5mm	靠尺和塞尺检查
接缝高低差	2mm	直尺和塞尺检查

二、外墙保温系统

（一）外墙构造做法

根据保温层与墙体的内外层关系，外墙构造做法分为外墙内保温和外墙外保温系统。华中科技大学同济医学院附属协和医院综合住院楼工程外墙构造设计为（由外至内）：200厚加气混凝土砌块（B06级）→15厚水泥砂浆找平→25厚半硬质玻璃棉板→3～5厚抗裂砂浆找平，属于典型的外墙内保温系统。

（二）施工准备

由施工单位组织相关人员熟悉图纸，并进行技术交底工作，同时做好放样工作。对材料供应商进行考察，确保提供的产品符合要求。

内保温工程施工前，水暖、电气及装饰工程需要预埋的各管线、线盒、挂件等，应留出位置或已预埋完毕，避免内保温系统完成后在墙体二次开槽破坏内保温系统。

进场的保温材料应由施工单位向专业监理工程师进行报验，专业监理工程师应对进场的保温材料外观质量进行检查，同时应对保温材料进行见证取样复检。在工程施工过程中，共对湖北嘉辐达节能科技有限公司生产的半硬质玻璃棉板取样送检6组，对武汉沃尔浦科技有限公司生产的界面砂浆、耐碱玻璃纤维网布、锚栓取样送检6组，均送至湖北省建筑材料节能检测中心进行检验，检测结果符合规范和设计的要求。

（三）外墙内保温施工

外墙内保温施工程序：墙体放线→200厚加气混凝土砌块墙体砌筑→砂浆抹灰→养护→界面砂浆→半硬质玻璃棉板粘贴→锚栓固定→抗裂砂浆抹灰→压入耐碱玻璃纤维网布→罩面抗裂砂浆→检查验收。

外墙外保温、外墙内保温构造系统分类　　表6

类别	构造做法	特点
外墙外保温	室外　外墙饰面层　外保温层　界面砂浆层　墙体　室内	1.能够保护建筑物主体结构，延长建筑物寿命； 2.增加室内使用面积； 3.避免了外墙圈梁构造柱梁门窗形成散热通道，基本上可以消除建筑物各个部位的热桥影响
外墙内保温	室外　外墙饰面层　外保温层　界面砂浆层　墙体　室内	1.施工方便、安全； 2.保温层做在墙体内部，减少了室内使用面积； 3.影响内部装修，室内墙壁上不能挂上重物，且内墙悬挂和固定物件很容易破坏内保温结构； 4.容易产生热桥，出现结露现象

施工前拌制界面粘结砂浆，将界面粘结砂浆均匀涂抹在保温板反面，再将保温板粘贴在墙面，敲实粘牢，然后再安装塑料锚栓，锚栓的施工安装按300mm×300mm，呈梅花形布置。锚栓进入基层墙体的有效锚固深度不应小于25mm，基层墙体为加气混凝土砌块时，锚栓的有效锚固深度不应小于50mm。

内保温工程应做好墙面抗裂措施，楼板与外墙、外墙与内墙交接的阴阳角处应粘贴一层300mm宽耐碱玻璃纤维网布条，阴阳角两侧各为150mm，在门窗洞口、电器盒四周对角线方向，应斜向加铺不小于400mm×200mm耐碱玻璃纤维网布。

保温层施工完毕后，应由专业监理工程师组织施工单位质检员、施工员进行验收。保温层宜按外墙面积每500～1000m^{2}划分为一个检验批，不足500m^{2}宜划分为一个检验批，每个检验批每100m^{2}至少抽查1处，每处不得小于10m^2。

（四）外墙内保温隔断热桥

本工程内外墙交接处无构造柱，内墙体主要为200mm加气混凝土砌块和150mm聚苯颗粒水泥夹芯复合条板，内外墙交接处，不会产生热桥现象。楼板外墙交接处为350mm边梁，会产生热桥现象，因此此处设计外观为层间水平线条，热桥部位采用淡色低辐射镀膜6（Low-E）+12A（12厚氩气）+6双钢化中空玻璃外窗构造措施，能够有效避免外墙产生热桥现象。

三、外窗保温系统

（一）外窗构造做法

本工程外窗设计采用单框断热

内保温系统材料复检项目 表7

材料	复检项目
玻璃棉板	标称密度、导热系数、燃烧性能
界面砂浆	拉伸粘接强度
耐碱玻璃纤维网布	单位面积质量、拉伸断裂强力
锚栓	单个锚栓抗拉承载力标准值

半硬质玻璃棉板复检结果 表8

组数	标称密度（kg/m^3）		导热系数W/（m·K）		燃烧性能		结果
	标准值	检验值	标准值	检验值	标准值	检验值	
1	36~44	43.0	≤0.037	0.0351	A1	A1	合格
2	36~44	41.0	≤0.037	0.0354	A1	A1	合格
3	36~44	42.0	≤0.037	0.0353	A1	A1	合格
4	36~44	44.0	≤0.037	0.0359	A1	A1	合格
5	36~44	40.0	≤0.037	0.0357	A1	A1	合格
6	36~44	42.0	≤0.037	0.0352	A1	A1	合格

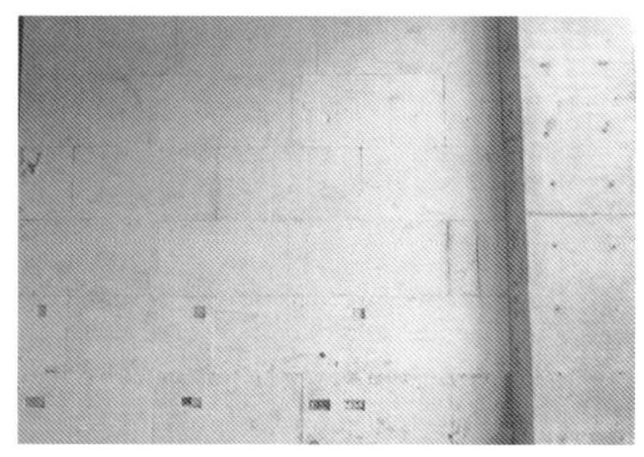
图3 半硬质玻璃棉板内保温施工效果图

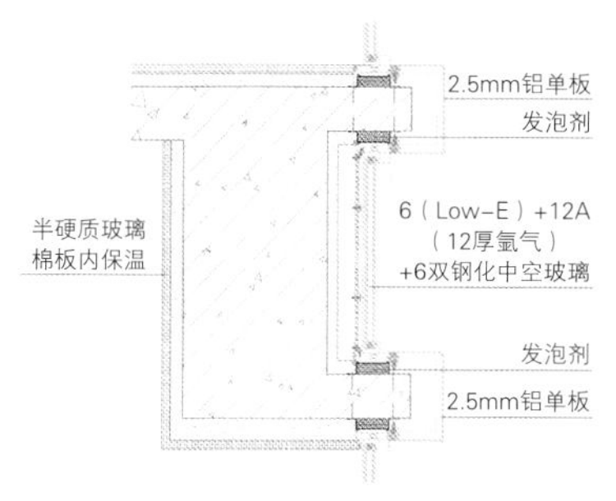

图4 外墙热桥部位构造图

铝合金80系列节能外窗，氟碳漆涂层铝合金框料，淡色低辐射镀膜6（Low-E）+12A（12厚氩气）+6双钢化中空玻璃。窗框断桥采用PA66GF25隔热材料制作，铝合金压线安装完成后，采用中性硅酮密封胶对边角部位打胶密封处理。

（二）施工准备

由施工单位组织相关人员熟悉图纸，同时做好外窗的放线定位工作。同时将各外窗的尺寸表交由专业厂家进行定做，本工程外窗框、玻璃均由湖北美亚达新型建材集团有限公司生产。

本工程采用悬挑脚手架，因此，大部分外窗框及玻璃的安装采用外脚手架安装，局部外窗框及玻璃待脚手架拆除后，采用吊篮形式安装，安全风险较大，因此要提前做好各项安全保障措施。

进场的外窗框、玻璃应由施工单位向专业监理工程师进行报验，专业监理工程师应对进场的外窗框、玻璃外观质量进行检查，同时应对外窗框、玻璃进行见证取样复检。工程在施工过程中，共对湖北美亚达新型建材集团有限公司生产的80系列窗框取样送检3组，对咸宁南玻节能玻璃有限公司生产的玻璃原片、湖北美亚达新型建材集团有限公司生产的6（Low-E）+12A（12厚氩气）+6双钢化中空玻璃取样送检15组，均送至湖北省建筑材料节能检测中心进行检验，检测结果符合规范和设计的要求。中空玻璃应采用双道密封，密封胶的粘接性能、渗透率应符合要求。

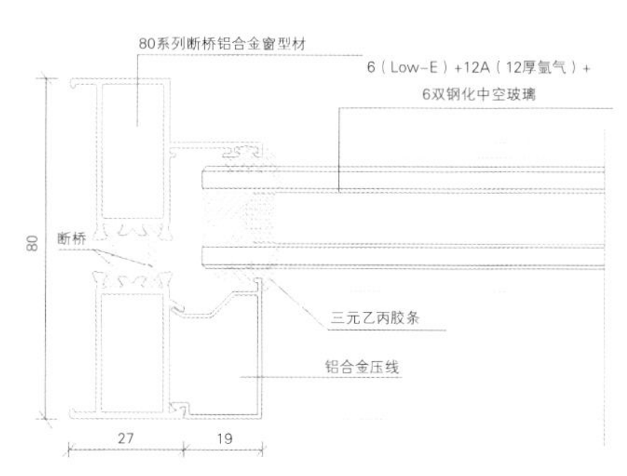

图5 80系列窗框基本构造单元

（三）外窗施工

外窗施工程序：窗位放线→窗框固定安装→玻璃安装→铝合金压线固定→边角部位打胶→养护→窗框与洞口之间间隙填充处理→窗框周边收口处理→检查验收。

铝合金窗框采用湿法施工，铝合金窗框采用固定片连接洞口，固定片与铝合金窗框连接采用卡槽方式连接。固定片宜采用Q235钢材，厚度不应小于1.5mm，宽度不应小于20mm，表面做防腐处理。固定片的安装位置应满足：角部的距离不应大于150mm，其余部位的固定片中心距离不应大于500mm，固定片与墙体固定点的中心位置至墙体边缘距离不应小于50mm。

铝合金窗框固定后，窗框与洞口之间的间隙应采用弹性闭孔材料填充饱满，本工程在设计及施工过程中，该部位的处理采用发泡剂进行填充，能够有效隔热和填充固定。

外窗施工完毕后，应由专业监理工程师组织施工单位质检员、施工员进行验收。外窗每100樘划分为一个检验批，不足100樘也为一个检验批，外窗每个检验批应抽查5%，并不少于3

外窗复检项目 表9

类别	组批及抽样	复检项目
氟碳漆涂铝合金型材80系列窗框	型材应成批提交验收，每批应由同一合金、状态、规格、颜色和涂层种类的型材组成，批重不限	力学性能、涂层厚度、硬度
中空玻璃	采用相同材料、在同一工艺条件下生产的中空玻璃500块为一批	中空玻璃露点、玻璃遮阳系数、可见光透射比

中空玻璃厚度允许偏差 表10

公称厚度D（mm）	允许偏差（mm）	检测方法
$D<17$	±1.0	游标卡尺
$17\leqslant D<22$	±1.5	
$D\geqslant 22$	±2.0	

注：中空玻璃的公称厚度为玻璃原片公称厚度与中空腔厚度之和。

氟碳漆涂铝合金型材80系列窗框复检结果 表11

组数	抗拉强度（MPa）			伸长率（%）		涂层厚度（μm）		硬度（HW）		结果
	设计值	检验值①	检验值②	设计值	检验值	设计值	检验值	设计值	检验值	
1	≥160	203	207	≥8	10.0	≥40	48	≥8	11	合格
2	≥160	204	204	≥8	12.0	≥40	45	≥8	11	合格
3	≥160	204	204	≥8	10.0	≥40	49	≥8	11	合格

樘，不足3樘时应全数检查；高层建筑的外窗，每个检验批应抽查10%，并不少于6樘，不足6樘时应全数检查。各项检查均符合设计及规范的要求时，验收合格。

四、节能工程现场检验

建筑围护结构施工完成后，应对围护结构的外墙节能构造和外窗气密性进行现场实体检测。外墙实体检验的目的是：1）验证墙体保温材料的种类是否符合设计要求；2）验证保温层的厚度是否符合设计要求；3）检查保温层构造做法是否符合设计和施工方案的要求。外窗实体检验的目的是：验证建筑外窗气密性是否符合节能设计要求和国家有关标准的规定。现场实体检验应在监理（建设）单位人员的见证下抽样。本工程在实施过程中，严格按照规范和设计要求，采取随机抽样形式进行现场实体检测，检测结果均符合要求。

实体检验抽样要求 表12

项目	抽样要求
外墙节能构造现场实体检验	每个单位工程的外墙至少抽查3处，每处1个检查点；当一个单位工程外墙有2种以上节能保温做法时，每种节能做法的外墙应抽查不少于3处
外窗气密性现场实体检验	每个单位工程的外窗至少抽查3樘。当一个单位工程的外窗有2种以上的品种、类型和开启方式时，每种品种、类型和开启方式的外窗应抽查不少于3樘

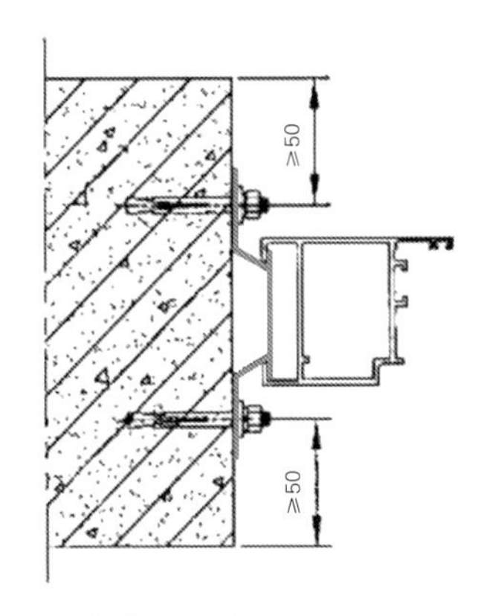

图6 卡槽连接方式

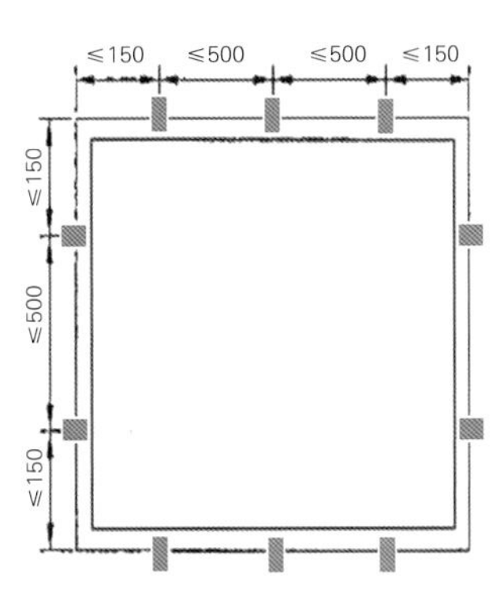

图7 固定片安装位置

参考文献

[1] GB 50411—2019 建筑节能工程施工质量验收规范[S]. 北京：中国建筑工业出版社，2019.
[2] GB 50207—2012 屋面工程质量验收规范[S]. 北京：中国建筑工业出版社，2012.
[3] GB/T 10801.2—2018 绝热用挤塑聚苯乙烯泡沫塑料（XPS）[S]. 北京：中国标准出版社，2019.
[4] JGJ/T 261—2011 外墙内保温工程技术规程[S]. 北京：中国建筑工业出版社，2012.
[5] 中国建筑标准设计研究院．国家建筑标准设计图集11J 112 外墙内保温建筑构造[S]. 北京：中国计划出版社，2012.
[6] GB/T 17795—2008 建筑绝热用玻璃棉制品[S]. 北京：中国标准出版社，2008.
[7] JGJ 214—2010 铝合金门窗工程技术规范[S]. 北京：中国建筑工业出版社，2011.
[8] GB/T 5237.5—2017 铝合金建筑型材 第5部分：喷漆型材[S]. 北京：中国标准出版社，2017.
[9] GB/T 11944—2012 中空玻璃[S]. 北京：中国标准出版社，2013.
[10] GB 50345—2012 屋面工程技术规范[S]. 北京：中国建筑工业出版社，2012.
[11] 华中科技大学同济医院附属协和医院综合住院楼建筑施工图．

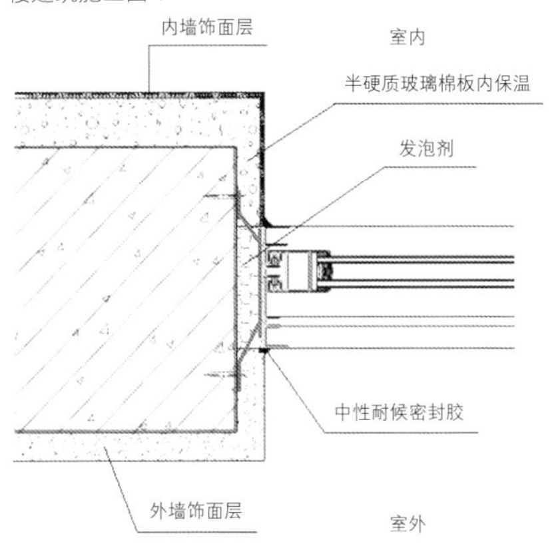

图8 窗框与内墙交接处节点图

房屋建筑工程防渗漏要求及节点工艺做法

张如意
山西协诚建设工程项目管理有限公司

房屋建筑工程防渗漏的重点在于地下室、外墙、外门窗、屋面、楼地面，这5个大的方面，本文以万科防渗漏工艺为主，简单介绍几种目前房建工程中先进合理的防渗漏施工工艺、技术。

一、地下室防渗漏

地下室防渗漏工艺要点：

1. 防水混凝土应按后浇带分块连续浇筑，尽量少留施工缝，施工缝、后浇带等优先采用预埋钢板止水带。

2. 模板拆除后防水施工前及时割除一次性止水螺杆，并用聚合物水泥砂浆将螺杆端头封闭；地下室外墙螺栓孔堵洞修补应作为一道工序进行专项检查。

3. 地下室穿外墙群管部位应现场用竹胶合板模板套孔封堵，不得采用钢丝网封堵；要特别关注地下结构的施工缝、后浇带、穿墙管（盒）等薄弱环节，应重点核查细部构造措施是否严格按照防渗漏节点做法施工。

4. 别墅等的半地下室外墙应优先采用混凝土外墙，当采用实心砖外墙时，需满挂钢丝网后抹灰，再施工外墙防水。

5. 不管采用何种防水材料，防水基层应无杂质，打磨修补平整，施工面过于光滑的应打磨成粗糙面。

6. 若地下室采用除结构自防水之外的其他防水做法，防水应包裹整个地下室；除渗透结晶防水做法之外，其他防水基层阴阳角应抹成50mm的圆弧角，并必须在刚度发生变化的部位做防水附加层。涂料防水前后两遍应相互垂直涂刷，涂膜厚度必须达到设计要求或规范规定。

7. 地下室与水接触部位尽量用混凝土一次性浇筑到位，比如地下采光井、电梯井、集水坑、排水沟等部位，并应做涂膜防水层。

8. 后浇带

1）底板、外墙后浇带部位必须做防水附加层，防水附加层宽度需在两侧各伸出后浇带300mm以上。

2）结构底板、外墙后浇带结构施工时必须居中预埋钢板止水带，同时封堵严密，固定牢固，振捣密实。

3）后浇带浇筑必须满足设计的要求时间；收缩型后浇带一般在两侧混凝土龄期达到42天后施工，沉降型后浇带必须待高层部位主体结构施工结束、沉降基本完成后浇筑。

4）后浇带应采用补偿收缩混凝土浇筑，其抗渗和抗压等级按设计要求，且不应低于两侧混凝土。

5）后浇带混凝土应一次浇筑，不得留设施工缝；混凝土浇筑后应及时养护，养护时间不少于28天。

9. 施工缝

1）地下室底板与外墙之间的施工缝必须居中预埋钢板止水带，其他水平施工缝埋设膨胀止水条。止水钢板接长时两块钢板搭接处必须满焊，同时钢板U形口朝向迎水面一侧；止水条应居中、连续，不得间断。

2）施工缝浇筑前，应先将原有混凝土表面的浮浆、杂物及钢筋表面的附着物清理干净，露出石子，并在浇筑前保持湿润状态。

3）施工缝两侧必须做防水附加层，宽度不小于250mm，防水附加层的材料同防水层。

10. 转角

1）底板与侧墙转角阴角应用水泥砂浆做成半径不小于50mm的圆角，地下室外墙与顶板转角节点、外墙阴阳角基层均必须打磨成圆角。

2）转角处防水附加层伸入转角两侧均不小于250mm。

11. 地下室外墙防水收口做法：在主体结构施工时，在高于室外地坪500mm外墙处留20mm深、50mm宽凹槽，将外墙防水层在槽内收口固定，同时用沥青油膏将凹槽封闭。当外墙装饰面较厚可以掩盖防水收口压条时，可用金属压条将防水层直接固定在外墙上。如无条件，可采用其他可靠的方法收口且满足防水图集要求。

12. 穿地下室外墙管道/线缆防水构造做法：穿墙管应采用套管式防水构造，套管应加焊止水环。单管在迎水面一侧，沿套管周边施工防水附加层。防水附加层沿套管及套管外墙周边各不小于150mm。群管在管根部位修补平整后涂刷不低于1.5厚聚氨酯防水涂料封堵。

13. 外墙一次性止水螺杆节点处理

1）地下室外墙用于固定模板的螺杆必须采用一次性止水对拉螺杆（工具式螺杆或螺杆加锥形塑料垫块），螺杆中部需加焊2mm厚70mm×70mm止水片。当一次性穿墙螺杆两端采用锥形塑料垫块时，养护结束后需在墙体内外逐个剔除塑料垫块，然后将螺杆从孔口的最深处割断，螺杆断面涂刷两遍防锈漆。

2）在施工防水层前，应逐个将螺杆位置处的凹槽用1：2聚合物水泥砂浆压实抹平（或做成凸出墙面5mm的40mm×40mm水泥砂浆方块封堵）。

14. 地下防水保护墙采用灰砂砖（砖必须符合环保要求），厚度115，高度为室外地坪以下150mm，砌筑水泥砂浆等级M5。保护墙在垫层或导墙上砌筑，随回填土一步一步向上砌筑，为防止倒塌一日不得砌筑过高。

15. 覆土车库顶板节点

1）车库顶板混凝土浇灌应安排专人旁站监理，振捣密实（辅以平板振动器），打磨机打磨平整，最后人工抹具收光，以减少顶板裂缝产生。

2）地库防水施工是一大问题，如果单采用卷材防水，存在的主要问题是：卷材防水层只要有一点渗漏，整个地库顶板将会水蹿得到处都是，而且渗漏点难以查找。建议采用非固化防水+卷材，一般哪漏堵哪，检修方便。

3）施工缝处理、滤水层（含水收集系统）施工等作为关键节点严格控制。

二、外墙防渗漏

（一）±0.0以上混凝土结构外墙穿墙对拉螺栓孔封堵

1. 剔除塑料垫块或将外侧螺栓孔扩孔：逐个剔除对拉螺栓孔中使用的塑料垫块，对未使用成品塑料垫块的螺杆孔，将外侧用机械扩孔，并将扩孔部分的PVC管除去。扩孔深度不小于20mm，直径不小于30mm。

2. 浇水湿润：清理孔内杂物垃圾，周边浇水湿润。

3. 外侧封堵：从外侧堵塞1：2干硬性水泥砂浆（添加防水剂及膨胀剂）40~60mm深并压实抹平。

4. 刷防水涂膜：待外侧水泥砂浆终凝后，孔口外扩3mm刷一层防水涂膜（防水涂膜材质不得影响后续工序的施工质量）。

5. 孔内打发泡胶：待外侧水泥砂浆终凝后，从内侧往螺栓孔中注入聚氨酯发泡胶，可打满孔洞，也可在外边预留20~30mm，待发泡胶固化前用手或专用工具压入孔中压实，再用水泥砂浆封堵严实。

（二）±0.0以上混凝土或砌体结构外墙脚手架、塔吊、施工电梯等穿墙钢管或悬挑型钢的孔洞封堵

小于50mm的孔洞封堵方法可与对拉螺栓孔相同；50mm≤孔洞≤100mm时，可用干硬性水泥砂浆（添加防水剂及膨胀剂）分次封堵严实；当孔洞>100mm，采用本做法。

1. 取出孔洞内钢管及预埋件等，并将杂物垃圾清理干净。

2. 孔洞周壁凿毛，并浇水湿润周边范围100mm以上（砌体无须凿毛，但残留砂浆需清理干净）。

3. 支洞口两侧模板，外侧模板堵严实，内侧模板设簸箕斜口并超出洞口上方100mm。

4. 浇筑高于墙体混凝土等级一个标号的细石混凝土（添加防水剂及膨胀剂），充分插捣密实。砌体做法同混凝土墙体，只是砌体墙体封堵材料为C20混凝土（掺防水剂和膨胀剂）。

5. 混凝土两侧模板在2~3天后拆除。

6. 拆模后，凿除表面凸出的多余混凝土，并修补好混凝土缺陷。

7. 外墙构造柱、孔洞应设置簸箕口浇筑密实，严禁铁丝固模，大于200mm×200mm洞口应采用混凝土封堵，严禁砖砌封堵，严禁支模时穿透空心砌块。

（三）雨棚/空调板做法

1. 与根部混凝土反坎同时支模，一次性浇筑。

2. 阴角处抹圆角，半径大于100mm，砂浆最薄处不得小于15mm，向外找坡不小于5%。

3. 刷0.6mm厚JS防水，防水上翻在顶板以上不小于300mm。

4. 抹20mm厚（最薄处）水泥砂浆（内掺3%防水粉）保护层，保持找坡。

5. 按照外饰面层做法施工外饰面，并在檐下三边做滴水线。

（四）外墙空调管孔洞

1. 套管制作：按i=5%的坡度对套管进行切割、制作，PVC套管表面应用砂纸打毛，以保证与混凝土粘结牢固。

2. 套管固定：放入PVC管并牢固地固定在模板上，控制坡度为内高外低，内外高差10mm。

3. 混凝土浇筑：浇筑混凝土前应检查空调孔管是否遗漏，位置是否准确，安装是否牢固，验收合格后方可浇筑混凝土。

4.PVC 管接长：用小一号的 PVC 管接长预埋的 PVC 管与饰面或保温层面平齐，接管应胶接或用牢固且不渗漏的可靠连接方法。

5. 外饰面（保温）施工：根据外饰面做法施工；有保温时，保温与套管间缝隙应打入发泡胶。

6. 砌体外墙：采用定型模板预制混凝土块，并预埋 PVC 管于其中心位置，具体方法与 1、2 条做法基本一致；确定空调管外置时用该预制混凝土块砌筑。

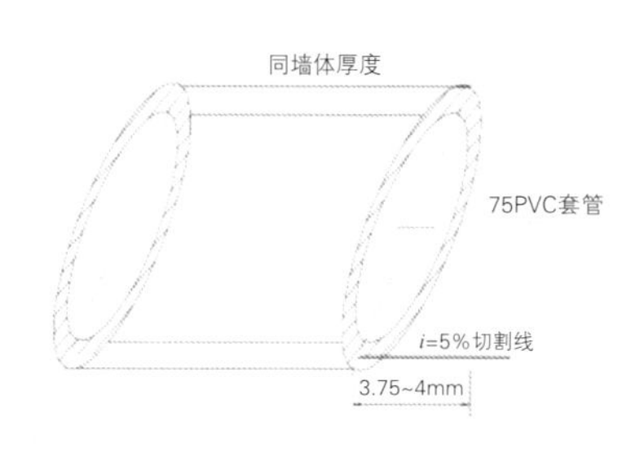

制作

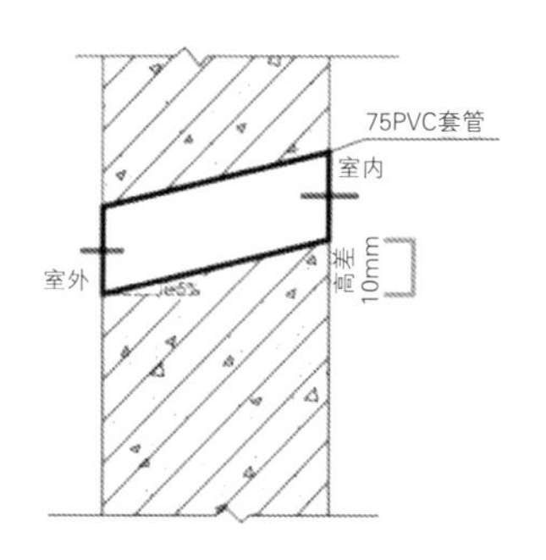

固定安装

三、外门窗防渗漏

（一）门窗框与洞口边之间的缝隙要求

门框下槛与洞口间的缝隙应根据楼地面材料及门框下槛形式的不同进行调整，需确保门槛与楼板（墙）之间的缝隙充填密实且外部防水完整，完成后的楼地面应内高外低。

表1

墙体饰面材料	门窗框与洞口边之间的缝隙（单位：mm）
清水墙	15
砂浆、涂料	20~25
面砖	25~30
石材	40~50（采用混凝土企口或增加副框）
外保温墙体	外保温厚度+饰面材料做法缝隙-10

注：因饰面（包括保温）材料厚度要求，会使门窗框与洞口边之间的缝隙增大，当门窗框与洞口边之间的缝隙大于35mm时，须在门窗框与洞口边之间增设混凝土企口或钢副框。企口与门窗框之间的缝隙不得大于20mm；副框与门窗框间的缝隙为5mm，副框与洞口边的缝隙不得大于20mm；无副框时完成后的饰面表面需压门窗框5mm，有副框时饰面表面与副框项平齐。

（二）混凝土窗台板（下带）及企口做法：

1. 混凝土窗台板（下带）

对于砌体墙，窗洞下口必须浇筑宽与墙厚相同、高度不小于 100mm、长度每边伸入墙内不少于 200mm（不足 200mm 时通长设置）的混凝土窗台板，窗台板为 C20 混凝土，内配 2A10 主筋和 A6@250U 形分布筋。

2. 砌体墙洞口周边现浇 C20 细石混凝土过梁、下带（窗台板）、左右边框，并做成内高外低企口形状；过梁断面及配筋由设计确定，但梁高不得小于 120mm，主筋不得少于 4A12，箍筋为 A6@200；窗台板厚度不小于 120mm；边框厚度不小于 150mm，内配 2A10 竖向钢筋及 A6@250U 形箍筋，边框与墙之间必须设置双肢 A8@500 连接钢筋，连接钢筋伸入墙内长度不小于 500mm；过梁、窗台板、左右边框厚度不包括企口。施工顺序为：先砌墙到窗台板下部→浇筑下带混凝土→砌墙至过梁下部→浇筑左右边框和过梁混凝土。

3. 根据企口的厚度和宽度，应考虑在企口内配置 1 到 2 根 Ø8 通长钢筋和分布筋。

4. 为保证企口施工质量，企口高度及宽度应根据饰面做法及窗框宽度及厚度确定。需保证外饰面压框 5mm，并不得将泄水孔堵塞。

5. 混凝土结构外墙施工建议采用定型钢模或铝模，企口必须与混凝土墙同时浇筑，直接设置成企口形式。

（三）门窗框与墙体间缝隙处理及后续具体构造做法

1. 作法一：门窗框与墙体四边缝隙采用干硬性水泥砂浆塞缝。

作法二：门窗框底边及两侧边上翻 150 高范围采用干硬性水泥砂浆塞缝，上边及两侧边剩余部分采用打发泡胶塞缝。

做法三：门窗框与墙四边缝隙采用

表2

门窗框（或副框）与洞口间缝隙偏差值 δ （mm）	处理方式
δ ≥50	配筋并浇筑C20细石混凝土
50 > δ ≥15	挂镀锌钢丝网抹灰
15 > δ ≥-5	不做处理，但必须保证塞缝密实
-5 > δ ≥-10	确保满足门窗框与洞口边之间的缝隙的最小要求，不能保证其最小值的应剔凿并用水泥砂浆粉刷平整
-10 > δ	剔凿并用水泥砂浆粉刷平整

注：当 δ ≥50mm时，洞口需浇筑C20细石混凝土，混凝土内配2A10通长钢筋和A6@250U形箍筋，与原有墙体连接。

打发泡塞缝。

2. 无论采用干硬性砂浆还是发泡胶塞缝，塞缝必须保证密实。缝隙处理前必须先将缝隙清理干净，并将窗框与洞口间的缠绕保护膜撕去。发泡胶需填满缝隙，超出门窗框外的发泡胶应在其固化前用手或专用工具压入缝隙中，严禁固化后用刀片切割。发泡胶固化后取出临时固定的木楔，并在其缝隙中打入发泡胶并用专用工具压入缝隙中，同样不得在固化后用刀片切割。

3. 涂刷 JS 防水

塞缝砂浆干燥后或发泡胶固化后，在洞口外侧四周分多遍涂刷 JS 防水，需保证其厚度不小于 1m，防水必须压门窗框不小于 5mm 且涂刷到过门窗洞阳角 50mm 处。

注意：墙身为砌体时不能直接在砌块上涂刷 JS 防水，待发泡胶固化后开始抹底灰，并对洞口四周进行粉刷收头。抹底灰前应对基层墙面进行处理，保证底灰与墙体粘结牢靠，底灰不得空鼓、裂缝。

4. 外饰面施工及打窗外密封胶

JS 防水干燥后，按照外饰面做法施工外饰面层。外饰面与门窗框交接处需留不小于 6mm×6mm 的密封胶槽。

待外饰面完成并干燥后在外饰面与门窗框交接处的预留胶槽内打中性硅酮密封胶。

5. 打窗内密封胶

内饰面完成并干燥后在内饰面与门窗框交接处的阴角处打中性硅酮密封胶（毛坯房可以省略）。

6. 窗台部位需进行找坡，窗台抹灰后排水坡度应大于 10%；最终完成面检查，保温按区域标准执行（按 5% 执行）。

（四）无企口、有副框的门窗节点构造

当内外饰面层均较厚（例如石材）时，为避免饰面层压门窗框过多，可采用有副框无企口的方式。

施工顺序为先安装副框、塞缝及涂刷 JS 防水，再进行内外饰面施工，待外饰面完成后再安装门窗主框和门窗。这样既可保证安装精度，又可防止门窗框被损坏、污染。

四、屋面防渗漏

屋面工程渗漏点主要发生在结构自防水，出屋面的各种管根、烟风道等构造物，还有山墙、水落口、排水沟等。

（一）结构自防水

1. 屋面结构自防水是屋面防水的重要组成部分，为了提高屋面自防水的性能，除了根据结构计算确定结构配筋以外，适当增大屋面板的配筋率、在板面共同或单独配置双向钢筋网（如 A8@100~150），对于控制板面裂缝、提高结构自防水性能尤为重要。如设计未设双向钢筋，应在图纸会审阶段提出。

2. 屋面坡度应优先采用结构起坡。当室内顶棚有装饰可以掩盖楼板不平时，应优先采用同一板厚结构起坡，否则，则下平上起坡。实在因条件限制不能结构起坡时，可选用细石混凝土起坡，慎用陶粒、膨胀珍珠岩等轻骨料混凝土起坡。

3. 在满足施工条件的前提下应尽量降低混凝土坍落度，以保证混凝土浇捣密实；屋面混凝土浇筑完成应一次原浆收平压光等，平屋面用收光打磨机打磨平整，减少顶板裂缝产生，这些措施都会提高屋面自防水性能。

4. 有条件时应优先采用防水混凝土。

5. 出屋面反坎的混凝土原则上与结构板混凝土一起浇筑，避免留置施工缝。如若不能一次浇成，则在浇筑反坎前必须将下部混凝土凿毛并充分湿润，此项工作应作为一道工序专门检查，反坎高度不低于屋面完成面 200mm；所有预留套管设止水环，与混凝土一起浇筑，套管高度不低于屋面完成面 250mm。

6. 斜屋面混凝土必须分段逐步浇筑至顶，不可一次性浇筑至顶，以保证混凝土浇捣密实。当屋面坡度大于 45° 时，应在上部支设封闭模板，防止混凝土因塌落度过大而难于浇筑或混凝土浇捣不密实。

7. 坡屋面预留与上部混凝土保护层的连接钢筋应根据屋面坡度适当减少，以保证防水施工质量。

8. 出屋面烟风道道壁必须采用现浇混凝土结构，并与主体混凝土同时浇筑。

（二）屋面工程防渗漏做法

1. 出屋面的各种管道堵洞工作由土建施工单位随主体一起施工。

2. 所有出屋面或与屋面相交的管道、烟道、墙体等与屋面相交的阴角处用水泥砂浆抹成半径不小于 50mm 的圆角。

3. 女儿墙根部、出屋面管道、烟道、落水口等阴角部位需做防水附加层。防水附加层材料及做法与防水层相同，防水附加层应从阴角开始上反和水平延伸各不小于 250mm。

4. 烟道、山墙、女儿墙等部位的立面防水层高度高出装修面不得小于 300mm，且该泛水部位使用止水螺杆固定模板，不得使用穿墙螺栓 + 套管；斜屋面防水层施工完成后，预留钢筋与屋面板相接处及其周围防水卷材穿孔处用聚氨酯涂刷，保证该处不发生渗漏。

5. 设在防水层上的防水刚性保护层施工前在防水层上满铺一层无纺聚酯纤维布做隔离层，四周墙根处设伸缩缝，缝宽 20mm，缝内嵌填密封胶；分格缝间距不得大于规范规定的 6mm×6mm，建议 3mm×3mm，以利于混凝土自由收缩，在分仓缝间不出现不可控裂缝；分格缝宽 10mm，缝内钢筋断开，内嵌填密封膏。

6. 种植屋面的防水层应设有刚性保护层或选用耐根刺的防水材料；种植范围内不得留伸缩缝，以免植物根扎入防水层；刚性保护层在女儿墙、出屋面管道、烟道等高出屋面的地方需上反，上反高度不得低于种植土完成面；滤水层可采用塑料排水板有组织收集，但必须进行专项节点设计。

（三）其他规定

1. 不管何种屋面，施工单位施工前应做好各部位详细的节点做法图。

2. 斜屋面排水必须体系完整、排水畅通。明沟设置、排水流向，以及落水管布置应根据屋面形状做好深化设计和细部构造详图，保证排水通畅。

3. 平屋面闭水试验及结构修补：完成各种出屋面管道、排气管、雨水口等的安装及四周封堵后，应进行结构闭水试验并对渗漏处进行修补。

4. 平屋面闭水试验：防水层施工完毕后，将雨水口临时封堵，进行 24 小时闭水试验，屋面最高处蓄水深度 30~50mm，安排专人检查记录，发现渗漏应分析原因并整改，整改完成后再次闭水，直至无渗漏发生。

5. 坡屋面淋水试验：防水层施工完毕后，将水引至坡面顶部淋水，淋水时间不少于 2 小时，或大雨后检查，如有渗漏，查明原因并进行整改。

五、楼地面防渗漏

（一）一般规定

1. 土建与水电安装专业施工顺序应合理，必须先装好设备及管道再做防水，严禁在施工完成防水的地面、墙面上打眼凿洞。

2. 穿楼地面的管洞堵洞由土建施工单位施工，完成后对堵洞情况进行局部蓄水检验（第一次蓄水检验）。

3. 有防水要求的房间墙体下部混凝土反台原则上与结构一起浇筑，如后浇筑施工缝位置应有可靠的措施保证不渗漏；反台高度不低于完成面 200mm。

4. 防水材料原则上严格按设计确定的防水材料进行施工，不得任意变更。以下两种情况如设计未明确应在图纸会审时提出：

5. 楼地面管封堵、传料口、放线洞等预留洞口二次浇严禁存在使用铁丝吊模（后期容易从铁丝处生锈渗漏），浇筑不密实情况，管带封堵还需保证无渗漏。管道、地漏、烟风道等安装完成且根部封堵完毕，地漏临时封堵，做结构闭水试验，合格后方可进入下道工序。

6. 管周、管井、地漏、阴角等部位必须做防水附加层，附加层材料及做法与防水层相同。墙角处沿墙高和楼板水平方向防水附加层范围各为 150mm。

7. 防水层施工时，四周上返高度超过地面完成面 300mm，过门框向外延伸 200mm（门口处基层需高出室内基层 20mm）。浴缸、淋浴间墙面下部从墙根开始，高度到地面完成面 1800mm 处。

8. 卫生间过门石严禁用干硬性砂浆铺贴，应采用 1：2 水泥砂浆湿法铺贴。

9. 防水层完成后将门口与地漏封堵，进行 24 小时闭水试验（第二次蓄水检验），水深比楼板与道墙相接处高出 20mm 以上。

10. 毛坯房交房时，闭水试验合格后施工 20mm 厚 1：3 水泥砂浆保护层，并向地漏找坡；精装修交房时，闭水试验合格后按设计要求施工饰面层，饰面层排水坡度和坡向必须正确，不得有倒泛水和积水现象，饰面层完成后最高点应比相邻厅 / 房完成面低 10 ~ 20mm。

11. 面层施工完成后做最后一次闭水试验（第三次蓄水检验）。

12. 管道楼板压槽：室内管道不宜采用在结构楼板上压槽埋设的做法，以免对结构楼板造成破坏；当在结构楼板上采用压槽的方法埋设管道时，压槽深度不应超过钢筋保护层厚度且必须经过结构安全确认，埋管后必须用水泥砂浆填实。

13. 电梯前室：电梯门槛处有坡度（不小于 5mm），防止水倒灌电梯井（最终完成面）。

14. 防水材料：当厨房、卫生间采用地暖采暖时，防水层不可采用聚氨酯以及其他可挥发性防水材料。墙面防水材料应选用与砂浆粘结较好的 JS 等防水材料，不得使用与砂浆粘结不好的防水材料，以免出现空鼓。

15. 采用内保温做法时，墙面防水应粘贴或涂刷在墙面基层上，不应做在保温层上。

（二）节点做法

1. 卫生间地面防渗漏做法

1）找平层：卫生间地面用 10 厚 1：2.5 水泥砂浆找平层。

2）止水门槛的尺寸及做法：卫生间门口部位在地暖管道施工前需要在卫生间门口部位设置 C20 混凝土台，卫生间地暖层以下的防水层施工时，应当将此道防水层卷到 C20 细石混凝土台上，宽度同墙厚，止水门槛上根据地暖管道的位置留置弧形凹槽，凹槽提前设置，长度同墙厚，弧形凹槽可以采用 JDG 或 KBJ 废旧线管预留。止水门槛靠卫生间内侧抹灰 30mm 圆弧。

3）防水附加层和第一遍防水施工，防水铺贴凹槽内及至门槛外缘。

4）防水层上抹 10 厚 1：2.5 水泥砂浆保护层。地暖保护层 C15 混凝土层施工时，在防水门槛的 1/2 处做 30mm 圆弧，保护层要求压光。

5）第二遍防水施工时，直接将防水铺贴在防水门槛的顶面至门槛外缘，切实保证与第一遍防水能够粘接牢固，做到此处有三层防水，即：附加层、第一遍防水、第二遍防水。

6）防水层施工完毕之后，做 10mm 防水保护层（毛面），并将防水门槛外缘处封堵密实。

2. 穿楼板管道防渗漏做法

1）穿厨房、卫生间、阳台等处楼板管道预留孔洞位置应根据二次深化设计在模板上放线定位，并牢固固定孔洞定型模板；封堵采用定型模板。

2）安装穿楼板管道前将孔洞周边凿毛，浇筑前冲洗干净并湿润。

3）管道封堵分两次浇筑 C20 细石混凝土（掺膨胀剂），充分插捣密实，并在管根与结构楼板之间留凹槽，槽深 10mm。

4）闭水试验合格干燥后在凹槽内嵌填建筑密封膏。

5）做找平层时在管根周边抹半径不小于 30mm 圆角。

6）管根处先做防水附加层，沿管道上返 50mm，平面超出管道周边 200mm；防水附加层的材料及做法同防水层。并在管道周边防水收头处打密封胶。

3. 地漏节点防渗漏做法

1）地漏应根据二次深化设计图纸安装，安装前清理孔洞并将周边凿毛。

2）将孔洞周边冲洗干净并湿润，分两次浇筑 C20 细石混凝土（掺膨胀剂），充分插捣密实，并在地漏管根与结构楼板之间留凹槽，槽深 10mm。

3）闭水试验合格后，在凹槽内嵌填建筑密封膏。

4）地漏周围 250mm 范围内作防水附加层，材料及做法同防水层。

5）防水层需与地漏紧密结合，并在地漏周边防水收头处打密封胶。

6）防水层施工完毕后，再次按楼地面闭水试验要求进行闭水试验。

7）毛坯房交房时，闭水试验合格后施工 20mm 厚 1：3 水泥砂浆保护层，并向地漏找坡；精装修交房时，闭水试验合格后按设计要求施工饰面层，饰面层排水坡度和坡向必须正确，不得有倒泛水和积水现象。地漏周围饰面层应比地漏高 2 ~ 5mm。

8）节点图

4. 厨房、非沉箱式卫生间烟风道做法

1）结构施工时采用定型模板准确预留出烟风道孔洞位置和大小，并在楼板上后浇混凝土反坎，烟风道下部安装在反坎上，上部顶住结构楼板，上部与下部缝隙用水泥砂浆堵塞密实。

2）混凝土反坎宽不小于 50mm，高出楼地面完成面不小于 100mm，混凝土标号为 C20。浇筑前根部凿毛并浇水湿润。

3）当周边墙体为砌体时，应先完成砌筑及抹灰施工，之后安装烟风道。

4）安装时需先在烟风道壁上口坐浆，然后从下口用木楔顶至楼顶板。

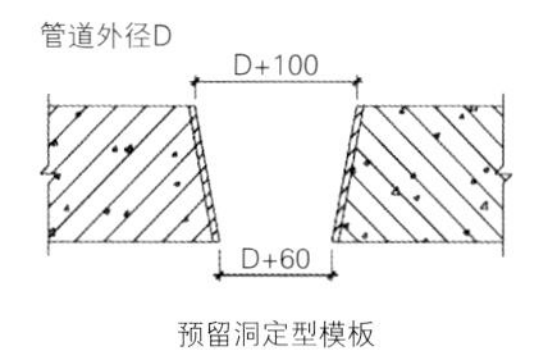

预留洞定型模板

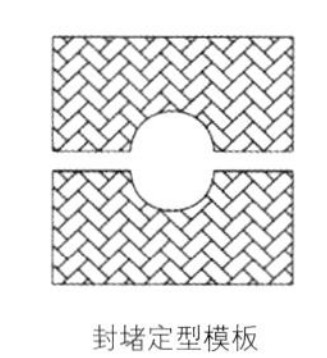
封堵定型模板

5）烟风道矫正并验收合格后，用 1：2 水泥砂浆（掺膨胀剂）将上、下口缝隙塞实。下口塞缝完成后在阴角抹圆角以便施工防水，所有塞缝必须饱满，不得留有缝隙。

6）烟风道部位防水附加层和防水层上反高度需高出楼地面完成面 300mm 以上，平面出反坎周边不小于 200mm。

5. 沉箱式卫生间烟风道做法

1）沉箱式卫生间烟风道洞口周边需设置一道 C20 素混凝土反坎，并与楼面混凝土一起浇筑。楼地面完成面以下反坎宽度不小于 200mm，以上不小于 50mm；反坎高度需高出楼地面完成面不小于 100mm。

2）烟风道下部安装在反坎上，上部顶住结构楼板，上部与下部缝隙用水泥砂浆堵塞密实。

3）当周边墙体为砌体时，应先完成砌筑及抹灰施工，之后安装烟风道。

4）烟风道部位上下两层防水附加层和防水层上反高度均需高出楼地面完成面 300mm 以上，平面出反坎周边不小于 200mm。

6. 管道井防渗漏做法

1）为增强防水效果，在管井墙底部后浇 C20 素混凝土反坎，反坎宽 100mm，高 200mm。沉箱式卫生间侧排地漏及排水管应在浇筑管道井反坎前安装完毕并浇筑在反坎中。

2）管道安装前将孔洞周边凿毛，

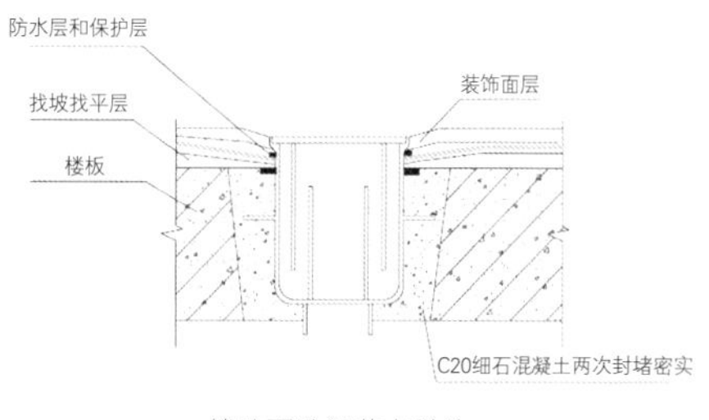

楼地面地漏节点做法

分两次浇筑C20细石混凝土（掺膨胀剂），充分插捣密实。

3）堵洞完成后同结构一起进行闭水试验，合格后在凹槽内嵌填建筑密封膏。

4）在楼面弹线定出反坎位置，将基层凿毛并浇水湿润，浇筑混凝土反坎，养护达到强度后，方可施工管井墙。反坎混凝土强度不得小于C20。

5）管井墙根部防水附加层和防水层上反高度高出楼地面完成面300mm，平面超出管井墙周边不小于200mm。

6）管井内宜设地漏并做防水。

六、防渗漏其他注意事项

（一）室外防水：钢筋混凝土结构的浇捣、养护质量对防渗漏有重要意义，防水层施工和穿过结构板的管道节点构造、屋面不易进行卷材施工的部位（如相关凸起物之间间距小于30cm的部位）、防水层的收头及保护是重要的控制环节。

屋面雨水口是非常容易渗漏的部位，且水容易从雨水口直接进入外墙保温内，引起外墙或窗户处渗漏；应从设计阶段开始，将雨水口及雨水管避开窗口附近。

（二）室内防水：钢筋混凝土地面的构造设计和施工质量是重点，其次防水层施工和穿过楼地面的管道节点构造以及对防水层的保护是重要环节。

（三）外门窗：验收门窗拼脚质量是保证门窗自身质量的前提，门窗立樘固定方式及附框塞口质量是保证门窗无渗漏的基础，施打发泡胶、打胶的质量，主框螺丝孔密封是保证门窗无渗漏的要点。

（四）覆土地下车库顶板：重点在于顶板和墙板的钢筋混凝土构造和施工质量，以及防水层的施工质量和穿墙螺杆洞的封堵和预留洞的处理，设计允许荷载对施工材料、机械堆放的限制要求、模板的拆除条件是必须关注的。

（五）砌体外墙：重点关注砌筑结构的灰缝饱满度，必须在墙外侧增加一道抹灰层是外墙防渗漏的保证，而墙体预留洞口（螺栓孔）的封堵和外墙保温层的防渗漏则是一个关键。

七、淋（蓄）水试验

淋（蓄）水试验是防水工程质量控制的重要环节，在施工过程中分阶段进行淋（蓄）水试验，真正实现过程控制。所有淋（蓄）水试验必须有甲方、监理全程检查并签字确认，办理单项淋（蓄）水试验记录，验收合格后方可进行下道工序施工。

（一）屋面淋水试验

屋面施工应至少进行两次闭水试验，其中设两道防水层的屋面必须进行二次蓄水试验（坡屋面为淋水试验，淋水流量不应小于5升/平方米/分钟，不少于两小时；平屋面为蓄水试验，不少于24小时，水面高出最高处20mm）。

1. 各种出屋面管道、烟道、落水口等的安装及四周封堵后，进行结构闭水试验并对渗漏处进行修补。

2. 各层防水层施工完毕后，将落水口临时封堵，进行第二次闭水试验，并安排专人检查记录，直至无渗漏发生。

（二）厨、卫间蓄水试验

按要求必须进行三次蓄水，即：穿过楼板管道封堵完成后、防水层施工完成、面层施工完成后各蓄水一次，并100%检查验收。

按规范规定：防水材料铺设后，必须蓄水检验。蓄水深度应为20~30mm，24小时内无渗漏为合格，并做记录。

（三）外墙淋水试验

1. 时间：外墙洞口封堵完成，砌体外墙抹灰层完成，养护2~3天。

2. 淋水方式：在外墙面上部用直径20mm的PVC管，每隔500mm打孔，向墙面喷水。

3. 淋水时间：12小时（或持续中雨12小时）。

（四）外门、窗及外幕墙淋水试验

门窗及窗扇玻璃安装及外侧密封胶完成后进行门窗淋水试验，用带喷头的水管向门、窗所在范围逐一喷水，喷水压力0.2~0.3MPa，每樘门窗淋水时间不少于15分钟。

结语

防渗漏工程作为影响使用功能的最大隐蔽工程，强调“预控在前、监控施工过程居中、试验性验收在后”的三步控制法。设计及施工应遵循“防排结合、先排后防”的原则。强调结构自防水，选择合适的防水材料并规范施工、验收环节、成品保护。重视各饰面层、防水层施工后的淋、蓄水试验，验证防渗漏效果。防渗漏作业由项目严格过程监理旁站监督，100%检查验收。

我们作为现场具体管理人员，必须注重对建筑物进行防渗漏的工作，不断地进行技术上的创新，不断总结经验，做好相关的设计工作以及监督管理工作；在最大限度内保证防水防渗工作有效完成，进而提升工程的防水防渗漏功能。

参考文献

[1] GB/T 21086—2007 建筑幕墙[S]. 北京：中国标准出版社，2008.
[2] 万科住宅建筑构造图集（一）防渗漏和防开裂工艺方法.

浅谈市政排水管道施工中常见问题及防治

王刚
长春市市政工程设计研究院

市政道路工程具有自身结构特征和使用要求，在道路基础中，往往埋设有给排水管道及检查井，这些工程施工质量的优劣，会对整体道路工程质量产生较大影响，所以确保其施工质量至关重要，然而在排水管道施工中存在的种种问题制约着市政排水工程的有序发展，因此，全面分析其存在的问题对市政道路工程整体建设质量的提升具有积极的意义。

一、排水管道施工现状概述

市政排水管道工程虽然施工工艺比较简单，但是大多是在市区施工，环境复杂，既有地下管线情况不明，还要考虑地上交通等因素，导致排水工程的施工会受到一定影响。

排水管道施工一般存在以下几个问题：1）沟槽开挖过程中出现边坡塌方、槽底泡水、槽底超挖、沟槽断面不符合要求等一些质量问题；2）管道位置偏移：施工走样或意外地避让原有构筑物，就会在平面上产生位置偏移，从而在纵向上产生积水甚至倒坡现象；3）管道渗漏水：闭水试验不合格，基础不均匀下沉，管材及其接口施工质量差、闭水段端头封堵不严密、井体施工质量差等原因均可产生漏水现象；4）检查井变形、下沉，构配件质量差，井盖质量和安装质量差，铁爬梯安装随意性太大，影响外观及其使用质量；5）回填土沉陷，压实机具不合适，填料质量欠佳、含水量控制不好等原因影响压实效果，施工后造成过大的沉降。

二、排水管道施工中常见问题的可行性对策

（一）沟槽开挖的质量控制

存在问题：在沟槽开挖过程中经常会出现边坡塌方、槽底泡水、槽底超挖、沟槽断面不符合要求等一些质量问题。

防治措施：1. 防止边坡塌方：根据土壤类别、土的力学性质确定适当的边坡坡度。实施支撑的直槽边坡坡度一般采用1 ∶ 0.05。对于较深的沟槽，宜分层开挖。挖槽土方应妥善安排堆放位置，一般情况堆在沟槽两侧。堆土下坡脚与槽边的距离根据槽深、土质、槽边坡来确定，其最小距离应为1.0m。

2. 沟槽断面的控制：确定合理的开槽断面和槽底宽度。开槽断面由槽底宽、挖深、各层边坡坡度，以及层间留台宽度等因素确定。槽底宽度，应为管道结构宽度加两侧工作宽度。因此，确定开挖断面时，要考虑生产安全和工程质量，做到开槽断面合理。

3. 防止槽底泡水：雨季施工时，应在沟槽四周叠筑闭合的土埂，必要时要在埂外开挖排水沟，防止雨水流入槽内。在地下水位以下或有浅层滞水地段挖槽，应要求施工单位设排水沟、集水井，用水泵进行抽水。沟槽见底后应随即进行下一道工序，否则，槽底应留20cm土层不挖作为保护层。

4. 防止槽底超挖：在挖槽时应跟踪并对槽底高程进行测量检验。使用机械挖槽时，在设计槽底高程以上预留20cm土层，待人工清挖。如遇超挖，应采取以下措施：用碎石（或卵石）填到设计高程，或填土夯实，其密实度不低于原天然地基密实度。

（二）管道位置偏移

存在问题：测量差错，施工走样和意外地避让原有构筑物，在平面上产生位置偏移，立面上产生积水甚至倒坡现象。

预防措施：1. 防止测量和施工造成的病害措施主要有：施工前要认真按照施工测量规范和规程进行交接桩复测与保护；施工放样要结合水文地质条件，按照埋置深度和设计要求以及有关规定放样，且必须进行复测检验，其误差符合要求后才能交付施工；施工时要严格按照样桩进行，沟槽和平基要做好轴线和纵坡测量验收。

2. 施工过程中如意外遇到构筑物须避让时，应在适当的位置增设连接井，其间以直线连通，连接井转角应大于135°。

（三）管道渗漏水，闭水试验不合格

存在问题：基础不均匀下沉，管材及其接口施工质量差、闭水段端头封堵不严密、井体施工质量差等原因均可产生漏水现象。

防治措施：1. 管道基础条件不良将导致管道和基础出现不均匀沉陷，一般造成局部积水，严重时会出现管道断裂或接口开裂。预防措施是：认真按设计要求施工，确保管道基础的强度和稳定性。当地基地质水文条件不良时，应进行换土改良处治，以提高基槽底部的承载力。如果槽底土壤被扰动或受水浸泡，应先挖除松软土层后将超挖部分用砂或碎石等稳定性好的材料回填密实。地下水位以下开挖土方时，应采取有效措施做好坑槽底部排水降水工作，确保干槽施工。

2. 管材质量差，存在裂缝或局部混凝土松散，抗渗能力差，容量产生漏水。因此要求所用管材要有质量部门提供合格证和力学试验报告等资料；管材外观质量要求表面平整无松散露筋和蜂窝麻面现象，硬物轻敲管壁其响声清脆；安装前再次逐节检查，发现裂缝、保护层脱落、空鼓、接口掉角等缺陷，应修补并经鉴定合格后才可使用。

3. 管接口填料及施工质量差，管道在外力作用下产生破损或接口开裂。防治措施：选用质量良好的接口填料并按试验配合比和合理的施工工艺组织施工。接口缝内要洁净，对水泥类填料接口还要预先湿润，而对油性的则预先干燥后刷冷底子油，再按照施工操作规程认真施工。

4. 检查井施工质量差，井壁和与其连接管的结合处渗漏。预防措施：1）检查井砌筑砂浆要饱满，勾缝全面，不遗漏；抹面前清洁和湿润表面，抹面时及时压光收浆并养护；遇有地下水时，抹面和勾缝应随砌筑及时完成，不可在回填以后再进行内抹面或内勾缝；2）与检查井连接的管外表面应先湿润且均匀刷一层水泥原浆，并坐浆就位后再做好内外抹面，以防渗漏。

5. 闭水段封口不密实，又因其在井内而常被忽视，如果采用砌砖墙封堵时，应注意做好以下几点：1）砌堵前应把管口0.5m左右范围内的管内壁清洗干净，涂刷水泥原浆，同时把所用的砖块润湿备用；2）砌堵砂浆标号应不低于M7.5，且具良好的稠度；3）勾缝和抹面用的水泥砂浆标号不低于M15；4）预设排水孔应在管内底处以便排干和试验时检查。

6. 闭水试验是对管道施工和材料质量进行全面的检验，其间难免出现几次不合格现象。这时应先在渗漏处一一做好记号，在排干管内水后进行认真处理。对细小的缝隙或麻面渗漏可采用水泥浆涂刷或防水涂料涂刷，较严重的应返工处理，更换管材，重新填塞接口。处理后再做试验，如此重复进行直至闭水合格为止。

（四）检查井变形、下沉，构配件质量差

存在问题：检查井变形和下沉，井盖质量和安装质量差，铁爬梯安装随意性太大，影响外观及其使用质量。

防治措施：1. 认真做好检查井的基层和垫层施工，检查井井室的混凝土基础应与管道基础同时浇筑，跌水井上游接近井基础的一段应砌砖加固，并将平基混凝土浇至井基础边缘以防止井体下沉。

2. 检查井砌筑应控制好井室和井口中心位置及其高度，防止井体变形。

3. 检查井井盖与井座要配套；安装时坐浆要饱满；轻重型号不错用，铁爬安装要控制好上、下第一步的位置，偏差不要太大，平面位置应准确。

（五）回填土沉陷

存在问题：压实机具不合适；填料质量欠佳、含水量控制不好等原因影响压实效果，施工后造成过大的沉降。

预防措施：1. 管槽回填时必须根据回填的部位和施工条件选择合适的填料和压（夯）实机具。填料中的淤泥、树根、草皮及易腐植物既影响压实效果，又会在土中干缩、腐烂形成孔洞，这些材料均不可作为填料，以免引起沉陷。

2. 管槽较窄时可采用微型压路机填压或人工和蛙式打夯机夯填。不同的填料，不同的填筑厚度应选用不同的夯压器具，以取得最经济的压实效果。

3. 控制填料含水量大于最佳含水量2%左右；遇地下水或雨后施工必须先排干水再分层随填随压密实；杜绝带水回填。

结语

市政排水工程的施工质量关系到人民群众的日常生活，组织施工时一定要注意以上问题，当问题发生时我们必须积极采取相关应对措施，当然，预防问题是最重要的，在施工前期必须采取相关预防措施，来避免以上问题的发生，只有这样，才能确保排水管道工程的施工质量。

浅谈BIM技术应用监理日常工作

施黄凯
上海建科工程咨询有限公司

摘　要：在工程建设信息化的大浪潮下，BIM技术被各大建筑企业视为发展转型的支点而争相试点运用。作为工程建设的参建方，传统监理企业为了打破旧有模式，发展转型为全过程工程咨询企业，如何将新兴BIM技术与传统监理工作相结合是值得思索的关键。从传统监理日常工作结合BIM技术这一落脚点开始，以点带面融入BIM技术，提升监理服务水平。本文工程项目监理结合BIM实践经验，介绍上海某建设工程项目监理过程中的具体BIM应用，浅谈BIM技术对监理工作中的影响与应用。

关键词　BIM技术 工程监理

引言

建筑信息模型，简称BIM（Building Information Modeling，），最初由美国人查克·伊斯曼（Chuck Eastman）提出，代表着建筑行业信息化发展新方向。美国国家BIM标准（National Building Information Modeling Standard，NBIMS）定义BIM具有物理和功能、共享、协同、全生命周期等几大主要特征[1]。依靠BIM，设施物理和功能特性得以数字化表达，设施信息可以信息化共享，其全生命期的各种决策更为可靠。BIM模型具有可视化、协调性、模拟性、优化性、可出图性，其强大功能可应用于工程建设各个阶段，为参建各方提供统一数据，搭建协同平台推进工程建设，有效提高项目建设及管理的效率与水平。

BIM技术是对工程建设的“第二次改革”，并广受各级建设行政管理部门与工程参建单位的关注。2011年5月住建部颁布《2011~2015年建筑业信息化发展纲要》[2]，2015年7月颁布《关于推进建筑信息模型应用的指导意见》[3]，又于2016年12月发布《建筑信息模型应用统一标准》[4]，展示出国家推动工程建设信息化实施的决心。

在工程建设中，工程监理作为一个重要参建主体，主要对施工质量、建设工期和建设资金进行监督。在如今，传统监理企业纷纷尝试向全过程工程咨询转型，逐渐引入BIM这一适用于工程建设全生命周期的可靠技术，势必会为监理企业发展转型提供助力，增长监理专业水平的同时，促进监理企业更加健康发展。

一、工程背景

该工程是某体育训练基地，建设用地面积近56万平方米，总建筑面积近19万平方米，主要含约30个单体，下图所示为其中某高层单体，用途为运动员公寓。

二、传统监理工作方法

（一）工作方法

工程监理工作主要按照建设单位的

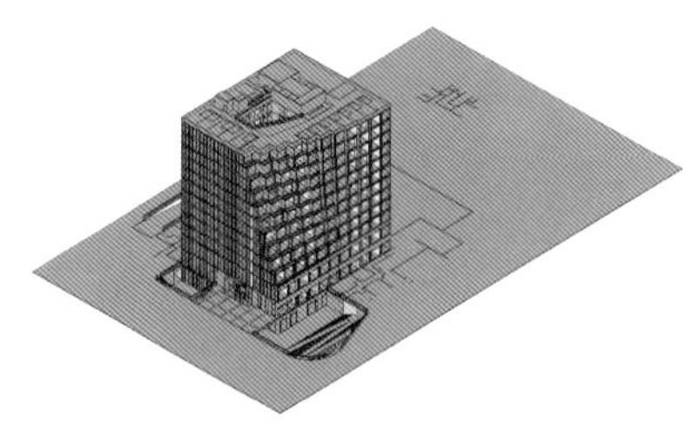

运动员公寓Revit模型

要求，依据工程建设有关的规章文件、法律法规、技术标准和图纸，包括对整个项目进行“三控两管一协调”的工作，即质量、进度、造价控制，合同、信息管理、全面组织协调。

质量管理，熟悉图纸，严控测量放线，及时进行标高复核，确保施工准备万无一失。施工过程中，对关键部位采取全过程旁站监理，确保质量缺陷及时发现，及时整改，减少返工损失。针对原材料坚决执行抽样检测制度，严格审查供应资质。

进度管理，严审进度计划，及时应对实际与计划不符的情况，确保工程按期竣工。

造价管理，对工程实际进展情况与变更做好记录和签证。

合同与信息管理即协助业主处理相关索赔事宜与合同纠纷，以及各种工程资料的收集、整理、存档。

（二）监理工作中的困难

传统模式下的现场监理工作主要存在着以下几点不足[5]：

1. 工作业务方式单一。监理工作主要侧重于现场施工质量，检查方式基本采用现场巡视检查，对现场施工过程进行监督、控制、协调等方面关键节点的控制方式较为单一。

2. 信息管理方式落后。内部信息记录一般采用人工手写、纸质传递的方式。加之参建各方沟通缺乏，更加容易造成监理反馈的信息不能及时确认与处理，导致工程管理的决策得不到信息支持。

实际现场监理工作中遇到的几点困难：

1. 建筑体量大，设计复杂，图纸繁多，加之监理人员自身水平良莠不齐，无法当场确认现场施工与设计图纸存在出入，贻误质量控制的先机。同时现场情况复杂，无法准确描述质量缺陷与部位，导致整改落实较慢，延误进度。

2. 由于高层建筑内机电管线众多，现场标高复核工作量巨大，往往忙中出错、百密一疏。同时公寓内小型设备较多且位置复杂，往往无法及时发现错误、遗漏等情况，逐渐形成边施工边修改图纸的局面。

3. 由于占地面积较广，导致监理测量点位多，数据量大，记录工作繁重易错，最终统计往往缺乏精确性，更不利于计算最终结果。同时，纸质记录无法直观地观测沉降，不利于数据分析。

4. 工程临近竣工，大量资料进行人工整理归档，极易损坏、丢失，为竣工验收增加难度。

三、BIM 技术应用监理日常工作

（一）BIM 技术的特点

1. 可视化：BIM 模型可以直观、精确的还原设计图纸，并进行虚拟施工，使施工组织设计可视化。其中包括了复杂节点与设备安装情况的呈现。同时BIM 模型还可以对机电管线进行碰撞检查，并将碰撞点以三维的方式直观显示。

2. 一体化：BIM 技术使建筑、结构、给排水、空调、电气等各个专业基于同一模型进行工作。

3. 仿真性：BIM 模型包含大量建筑信息，如几何尺寸、结构类型、建筑材料、工程性能等信息。同时施工方案模拟验证，增加了方案实施的可行性，优化了施工效率与质量。施工进度模拟将现场施工进度相链接，使进度控制工作得以直观展现。

4. 协调性：基于 BIM 进行工程管理，可以有助于工程各参建方进行组织协调工作。

5. 可出图性：运用 BIM 技术，除了能够进行建筑平、立、剖及详图的输出外，还可以输出碰撞报告及构件加工图等。

（二）引入 BIM 技术的监理日常工作

在监理日常工作中引入 BIM 技术，正是利用 BIM 技术的几大特点，将 BIM 工具合理运用到监理日常工作中，有效提高了监理质量控制的效率，同时随着工程建设的推进，实现了资料的信息化、集成化管理。

下面结合项目实例，对引入 BIM 技术的监理日常工作进行解析。

1. 本项目运动员公寓机电管线较多，装修要求较高；室外总体面积较大，管线众多，且有多处管线排布集中，因此运用 BIM 技术，对这两部分的管线进行综合，保证后期施工质量与进度，避免冲突返工。

2. 在机电管线施工阶段，通过软件 BIM360Glue 将模型导入移动设备，携带至现场[6]。

1）专业监理工程师在日常巡视检查时，查看模型，比对现场，检查施工单位是否按模型施工以及施工进度情况。

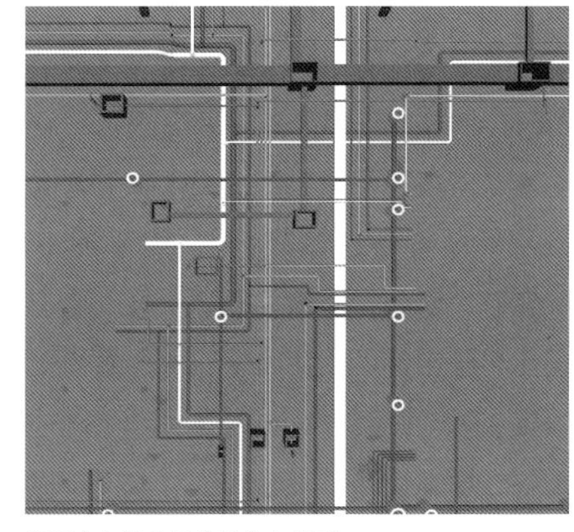

能源中心处室外管线综合模型

发现问题时可直接在模型的相应部位做记录，软件可将相应记录同步至电脑的模型上，使问题的发现及反馈及时、精确。每周将现场所发现的各类问题汇总成《监理巡检施工质量缺陷汇总表》，上报给业主，并下发给施工单位，督促施工单位整改。

2）在施工过程中，对楼层内已安装机电管线的标高进行测量，比对模型的标高数据，以及装修吊顶标高要求，检查标高控制情况，确保楼层管线最低点满足装修要求。

3）参照模型，检查现场一些管道阀门、防火阀等小型设备的安装情况，发现错误、遗漏、操作不便等情况时，在模型中注明具体位置及存在问题，并列入《监理巡检施工质量缺陷汇总表》。

4）现场检查各类管道、风管等的试验情况时，在模型中标明测试管段，记录测试数据，将施工单位上报的纸质水压试验记录资料扫描成电子文件，链接至模型中相应位置。

空调水管水压试验

使用移动设备，检查室外管道施工

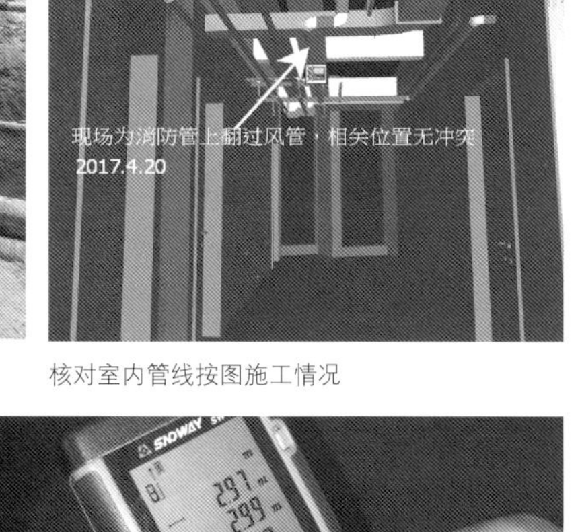

核对室内管线按图施工情况

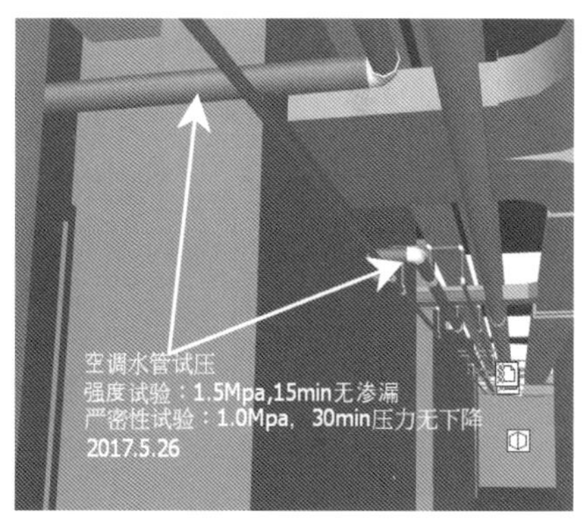

在模型中记录压力试验情况

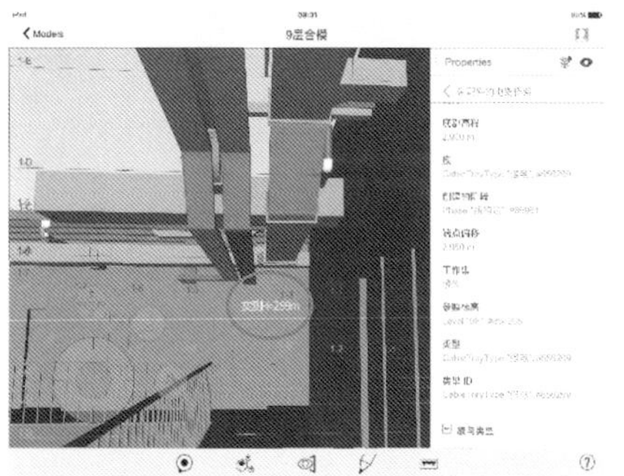

测量标高时在模型上做记录

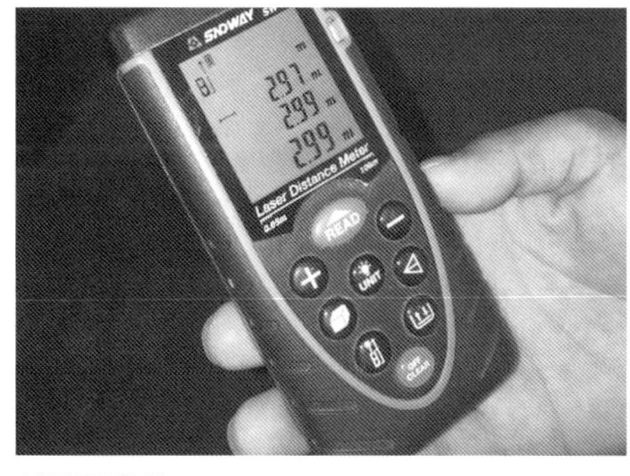

现场测量数据

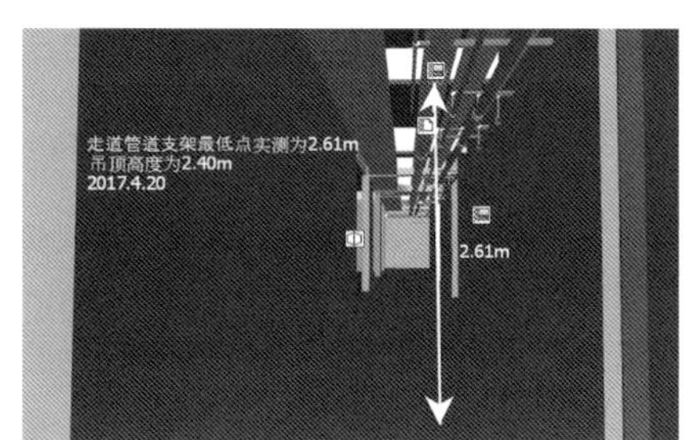

机电管线最低标高控制（电脑端进行整理）

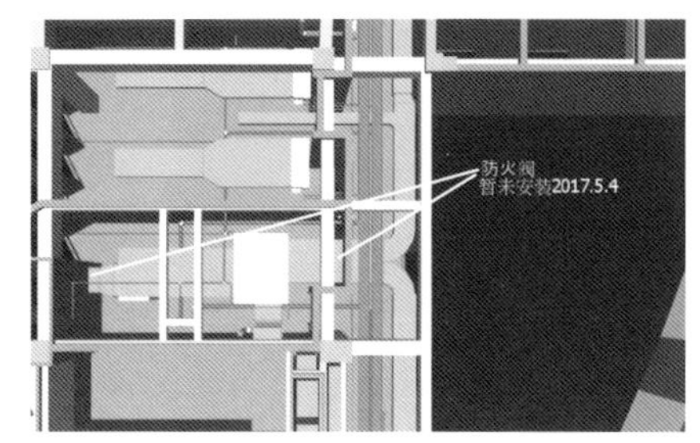

风管阀门安装情况检查记录

5）外总体雨污水井砌筑、雨污水管道埋设时，监理依据模型数据，现场检查井体与管道的类型与尺寸，以及标高控制情况，确保与设计数据一致。使用移动设备记录测量数据，在电脑端模型中进行系统化整理。

6）为了控制场区道路施工质量，建立精细的道路模型，在道路施工时，专监与测量人员依据设计数据，严控道路各层的材质质量与铺设标高，并在模型中详细记录，最后在电脑端模型中进行系统化整理。此后把采集到的道路沉降观测数据也集成到模型中，通过BIM模型，便能全面、即时地管理与查看所有道路的施工与测量信息。

3. 建立了清晰的文件结构目录，结

外总体污水管理设标高测量

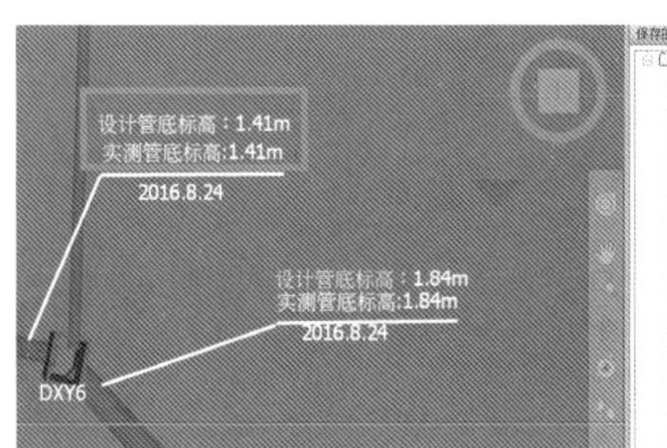

东西大道雨水管标高数据整理

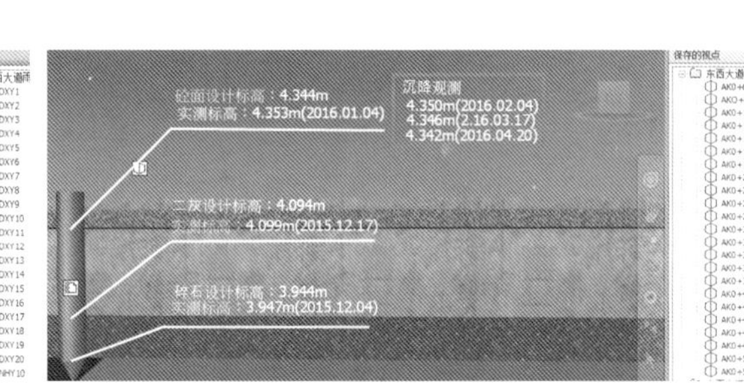

通过BIM模型集成道路测量数据

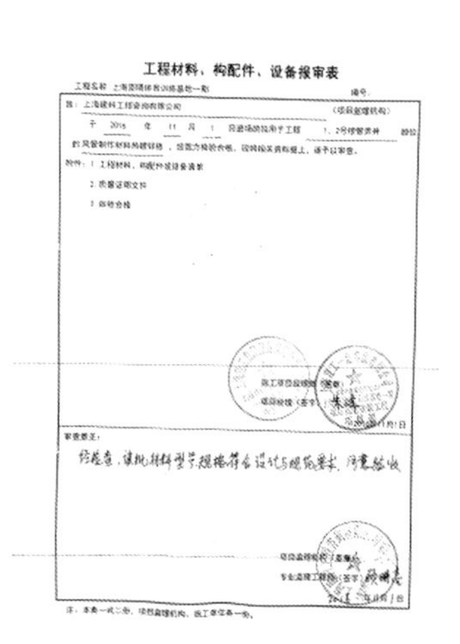
工程材料、构配件、设备报审表

资料文件匹配到模型相应部位

合模型进行项目资料集成管理。将监理工作中产生的各类纸质资料扫描成电子文件，并收集各种与工程相关的影像资料等，按照所设计的文件结构进行资料归档，同时将相关资料链接至模型上相对应的位置。依托模型，实现监理资料的信息化、集成化管理，解决了纸质资料易损坏丢失、难以及时查找等难题[7]。

结语

通过将BIM技术与日常监理工作相结合，不断探求更优的监理工作方法。可以肯定BIM技术为工程监理工作带来了以下的成果：

1. 提升日常巡视检查工作的质量与效率

项目中设计图纸都数目巨大，监理日常巡视时若想准确核对现场情况，必须携带图纸。然而纸质图纸翻找不易、现场查看也不方便。针对这种情况，通过使用移动设备在现场查看BIM模型，使之得到改善。

BIM模型可使监理人员更加形象、多角度地检查现场施工，模型中准确、全面的数据资料为我们提供极大的便利。应用软件方便的记录功能使现场情况与数据的反馈准确、及时，使现场数据从开始采集就可以集成化、系统化，避免与减轻了纸质文档杂乱以及后期处理繁杂等问题，极大地提高了监理工作的质量与效率。

2. 在监理测量工作中的作用

尝试通过应用BIM技术，使监理测量工作得到改进。BIM模型的形象化、详细的数据资料以及软件方便的记录功能等能够极大地提升测量人员的工作效率。随后将测量结果与模型结合，利用模型将测量数据以及汇总的文件进行集成，形成一份以模型为主体，包含各个测量项目各阶段全部数据的测量文件。这种集成化的数据管理模式，又能进一步提升监理测量工作的质量与效率。

3. 优化项目资料管理工作

如同测量数据的集成，建立合理的文件结构体系，同时依托模型进行文件资料集成，使监理资料信息化、集成化，使资料管理工作更科学、更合理，最终使监理工作服务水平得到提升。

参考文献

[1] National BIM Standard–United States™ Version 2 [S/OL]. [2013-6-30]. http://www.nationalbimstandard.org/.

[2] 住房和城乡建设部 .2011～2015年建筑业信息化发展纲要 .

[3] 住房和城乡建设部 . 关于推进建筑信息模型应用的指导意见 .

[4] 住房和城乡建设部 .GB/T 51212-2016 建筑信息模型应用统一标准[S]. 北京：中国建筑工业出版社，2016.

[5] 高健 . 工程监理企业BIM技术应用研究[J]. 建设监理，2015（10）.

[6] 唐达强 . 工程监理BIM技术应用方法和实践[J]. 建设监理，2016（5）.

[7] 黄振邦，李凯 . 基于Revit的BIM技术在某工程监理应用方面的初步研究[J]. 建设监理，2015（12）.

跳仓法施工原理及技术分析

李秋萍
江苏赛华建设监理有限公司

一、工程概况

海鹰产业园及条件建设项目位于无锡（太湖）国际科技园合众路以北，运河西路以南，由电子大楼、水声换能器测试中心、总装集成联试中心三个单体组成，总建筑面积约90293.73m^2。其中电子大楼建筑面积57139.69m^2，钢筋混凝土框架结构，地上7层，地下1层。基础形式为桩筏板基础，筏板厚度为500mm，承台、下柱墩厚度为800~1400mm，混凝土强度等级为C35P6；地下室外墙厚度350mm；顶板厚度为250mm，强度等级为C30P6。

根据本工程电子大楼结构施工图，电子大楼底板、墙体、顶板设计有温度后浇带。

二、后浇带对施工的影响

（一）后浇带长期受水浸泡影响工程质量

无锡地区雨水丰富，夏季暴雨时降水量大，基坑内的雨水无法及时排出，这些雨水带着大量建筑垃圾与泥土流入后浇带中，留在钢筋、混凝土表面与后浇带底部，难以清除，即使投入大量人力，也由于时间长久与底板较厚且配筋密集，无法得到有效剔除，导致后浇带处新老混凝土交接面的密实性差，后浇带处混凝土与钢筋的握裹力差，后浇带成为结构受力的薄弱环节与渗水通道，影响工程质量。

（二）后浇带的设置影响施工进度

温度后浇带一般在两侧混凝土浇筑60天后封闭，影响下一步施工开展，耽误工期。后浇带将双向板断开，人为形成众多的悬挑结构，使梁、板的受力特征发生变化，其固端所受弯矩远大于设计值，为避免固端产生破坏，需要长时间进行支撑，这些长时间存在的模板支撑，严重阻碍下一道工序的穿插与现场的水平运输，且长期存在的后浇带与高支模支架也是巨大的安全隐患。同时未封闭的后浇带，下雨时往往会进入大量雨水妨碍正常施工开展。

三、跳仓法施工原理

按照现行混凝土设计规范，混凝土结构为避免超长引起使用期与施工期的收缩裂缝，需要设置永久伸缩缝与施工后浇带。但后浇带带来一系列的质量与施工难题，如后浇带清理工作艰难，施工质量难以保证，后浇带处往往开裂与渗水；后浇带填充前，地下室始终处于漏水状态，严重影响施工开展，且土体必须长时间降水，后浇带处底板长期存在抗浮稳定安全隐患；楼板后浇带处的模板支撑体系留置时间较长，给室内回填和二次装修穿插带来较大影响，造成总工期较长；并且后浇带在预防墙体与楼板收缩裂缝效果上并不理想。

因此防止混凝土结构裂缝是一个综合性的问题，通过留设后浇带来防止混凝土裂缝不是万能的，相反可以通过落实“减、放、抗”的综合施工措施，来有条件地取消各种后浇带与结构缝，从而极大地实现方便施工、加快施工进度、减小施工成本、提高施工质量。

跳仓法施工的原理是基于“混凝土的开裂是一个涉及设计、施工、材料、环境及管理等的综合性问题，必须采取‘抗’与‘放’相结合的综合措施来预防”。“跳仓施工方法”同时注意的是‘抗’与‘放’两个方面。

“放”的原理是基于目前在工民建混凝土结构中，胶凝材料（水泥）水化放热速率较快，1 ~ 3天达到峰值，以后迅速下降，经过7 ~ 14天接近环境温度的特点，通过对现场施工进度、流水、场地的合理安排，先将超长结构划分为若干仓，相邻仓混凝土需要间隔7天后才能浇筑相连，通过跳仓间隔释放混凝土前期大部分温度变形与干燥收缩变形引起的约束应力。“放”的措施还包括初凝后多次细致的压光抹平，消除混凝土塑性阶段由大数量级的塑性收缩而产生的原始缺陷；浇筑后及时保温、保湿养护，让混凝土缓慢降温、干燥，从而利用混凝土的松弛性能，减小叠加应力。

“抗”的基本原则是在不增加胶凝材料用量的基础上，尽量提高混凝土的抗拉强度，主要从控制混凝土原材料性能、优化混凝土配合比入手，包括控制骨料粒径、级配与含泥量，尽量减小胶凝材料用量与用水量，控制混凝土入模温度与入模坍落度，以及混凝土“好好打”，保证混凝土的均质密实等方面。“抗”的措施还包括加强构造配筋，尤其是板角处的放射筋与大梁中的腰筋。结构整体封仓后，以混凝土本身的抗拉强度抵抗后期的收缩应力，整个过程“先放后抗”，最后“以抗为主”。从约束收缩公式分析中，可得混凝土结构中的变形应力并不是随结构长度或约束情况而线性变化的，其最大值最后总是趋近于某一极值，若混凝土的抗拉强度能尽量贴近这一值，则可极大地减小开裂。同时可看出最大应力总是与结构的降温幅度成正比（干燥收缩等效为等量降温），故提高抗拉强度不能以增加水化热温升或干燥收缩为前提。

中华人民共和国国家标准《大体积混凝土施工规范》GB 50496－2018 第 5.1.4 超长大体积混凝土施工，应选用下列方法控制结构不出现有害裂缝：1）留置变形缝；2）后浇带施工；3）跳仓法施工；跳仓间隔施工时间不宜小于 7 天，跳仓接缝处应按施工缝的要求设置和处理，跳仓接缝节点如下图 1 所示。

四、跳仓法施工技术优点

（一）跳仓缝清理简易，混凝土结有保证。跳仓法施工相邻仓混凝土浇筑间隔 7 天，间隔时间短，施工缝处易于清理，能够保证新旧混凝土的结合。

（二）跳仓法施工是以“缝”代“仓”，将超长混凝土结构划分为若干仓流水施工，缩短流水节拍从而缩短工期。

（三）后浇带的 2 条缝变为跳仓法的 1 条缝，省去了后浇带的清理、支模、养护、拆模等工序，加快了施工周期。

（四）对于有预应力的结构，取消后浇带可以提前张拉预应力。

（五）跳仓法施工是以“抗放结合，先放后抗，最后以抗为主”的原则控制裂缝，混凝土施工理念更为科学，管理更为完善。

五、跳仓法施工技术难点分析

（一）采用跳仓法施工时，邻仓混凝土需要间隔 7 天后才能浇筑相连，通过跳仓间隔释放混凝土前期大部分因温度变形与干燥收缩变形引起的约束应力。

（二）通过优化混凝土配合比，减少胶凝材料用量与用水量，控制混凝土入模温度与坍落度，减少混凝土的收缩裂缝。

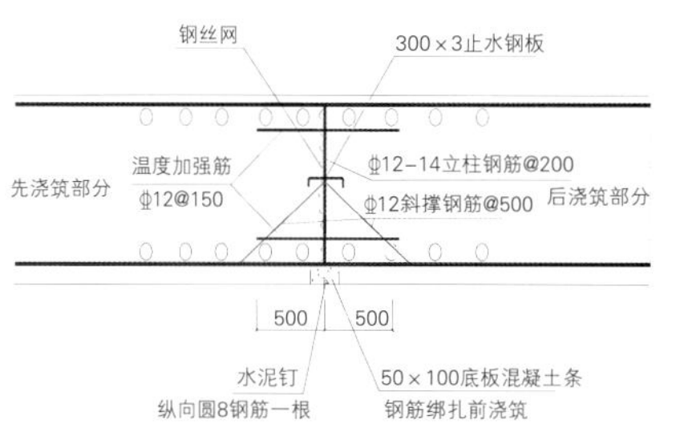

图1　跳仓法施工缝节点图

（三）通过控制混凝土原材料质量及细致振捣，提高混凝土的密实度和抗拉强度。

（四）通过初凝后多次细致的压光抹平，消除混凝土塑性阶段大量塑性收缩而产生的缺陷。浇筑后及时保温、保湿养护，让混凝土缓慢降温、干燥，从而利用混凝土松弛性能，减少叠加应力。

六、电子大楼地下室跳仓法施工部署

根据电子大楼土方开挖的总体顺序，间隔 7 天跳仓施工的要求，跳仓施工缝分为 8 仓，每仓的大小在 1100~2300m²。

七、跳仓法施工裂缝控制近似计算

混凝土筏板长度取 40m，厚度 500mm，确保入模温度控制在 30℃以内。相邻仓的间隔时间为 7 天，试计算 7 天时期混凝土的最大温度收缩应力。

（一）混凝土的收缩当量温差。混凝土 7 天收缩量采用如下公式，t=7：

$$\varepsilon_y(t)=\varepsilon^0 y\left(1-e^{-0.01t}\right)\cdot M_1\cdot M_2\cdot M_3\cdots M_{10}$$

式中：

$\varepsilon_y(t)$——龄期为 t 时，混凝土收缩引起的收缩；

$\varepsilon^0 y$——标准试验时混凝土最终收缩取 3.24×10^{-4}；

M_1、M_2、$M_3\cdots M_{10}$——混凝土收缩变形不同条件影响修正系数；

可以得出：$\varepsilon_y(7)=0.118\times10^{-4}$。

（二）折算成混凝土收缩当量温差：

$T_y(t)=\varepsilon_y(t)/\alpha=1.18℃$

（三）水化热温差，考虑到承台和底

板水化热温升不同，取承台的实测温度作为最不利温升进行近似计算，7 天降温差为 30℃。

（四）综合温差 =31.18℃。

（五）混凝土弹性极限拉伸考虑配筋影响，$\varepsilon_{pa}=0.5R_t(1+\rho/d)\times10^{-4}=1.44\times10^{-4}$

考虑短期徐变影响，$\varepsilon_p=1.5\varepsilon_{pa}=2.16\times10^{-4}$

（六）计算平均裂缝间距：

$$L=1.5\times\sqrt{\frac{HE}{C_x}}\operatorname{arccos}h\left(\frac{\alpha T}{\alpha T-\varepsilon_p}\right)=63540\text{mm}=63.5\text{m}$$

从计算可知底板混凝土平均跳仓块间距为 63.5m，大于实际跳仓分块长度 40～50m。理论上跳仓块间距在此范围时，混凝土就不会产生裂缝，因此施工时取 40～50m 布置跳仓块是合理的。

八、跳仓法施工混凝土浇筑注意事项

（一）底板混凝土浇筑

电子大楼基础底板为 500mm，混凝土浇筑按照分仓划分区块，每个区块混凝土一次连续浇筑，浇筑时，在底板的一个方向按照 1~2m 的板带宽度依此浇筑，总体流向顺着底板另一个方向推进。如图 2 所示。

地下室底板混凝土采用斜面分层浇筑，斜向分层厚度不大于 500mm，见图 3 所示。

（二）外墙混凝土浇筑

地下室外墙按照划分的施工区块施工。墙板浇筑前先填以 3~5cm 与混凝土同级配的水泥砂浆。混凝土分层浇筑，分层振捣，每次浇筑厚度 300~500mm。振捣棒不得触动钢筋和预埋件，除上面振捣外下面要有人随时敲打模板检查是否漏振。

（三）顶梁板混凝土浇筑

梁板按照每一施工区块为一个浇筑段一次性连续浇筑完成。浇筑时沿主梁方向浇筑，根据梁高斜面分层向前推进，当达到板位置时即与板的混凝土一起浇筑。

板面混凝土在初凝前采用混凝土收光机进行复振，以减少混凝土的干缩裂缝。

九、混凝土养护注意事项

电子大楼跳仓法施工，混凝土养护是施工重要环节。在混凝土终凝前开始养护（通常为混凝土浇筑后 8~12 小时），按照下列养护方法执行：

（一）大面积板面混凝土用塑料薄膜覆盖，保持混凝土表面潮湿，养护时间不应少于 14 天。

（二）墙体等不易保水的结构，带模养护时间不小于 3 天，拆模后用湿麻袋紧贴墙体覆盖，并浇水养护，保持混凝土表面潮湿，养护时间不应少于 14 天。

（三）夏季施工时，底板及楼板面混凝土覆盖薄膜养护，适当洒水，保持混凝土面湿润，养护时间不得少于 14 天。

十、跳仓法施工总结

结合无锡海鹰产业园及条件建设项目工程跳仓法的施工的各相关因素，进行了如下的总结：

（一）在设计方面

在跳仓法施工前应合理划分跳仓法施工中的分仓规模和跳仓施工顺序；合理选择混凝土强度等级及配合比；充分利用混凝土的后期强度，减少水泥的用量；同时加强构造设计、合理配置构造钢筋等。

（二）在材料方面

跳仓法施工应优选有利于发挥混凝土抗拉性能的配合比，保证混凝土结构的韧性；材料选择方面提高材料供应质量；混凝土外加剂要优选有利于提高混凝土抗裂性能的高效减水剂；合理选择混凝土的掺合料。在满足设计抗压强度要求条件下，尽可能降低水泥用量。

（三）在施工方面

应加强施工各过程的管理；合理地设计和制作免拆模的防水施工缝；过程中严格控制混凝土的坍落度；加强施工振捣控制，提高浇筑的均质性；充分重视混凝土的保温、保湿养护工艺；同时采取温控监测措施，实现信息化施工。

总之，跳仓法施工相比传统后浇带优势明显，可以有效地控制混凝土的裂缝，同时可以大大简化施工工艺，提高工效，降低工程成本，取得良好的经济及社会效益，值得在工程实践中加以应用。

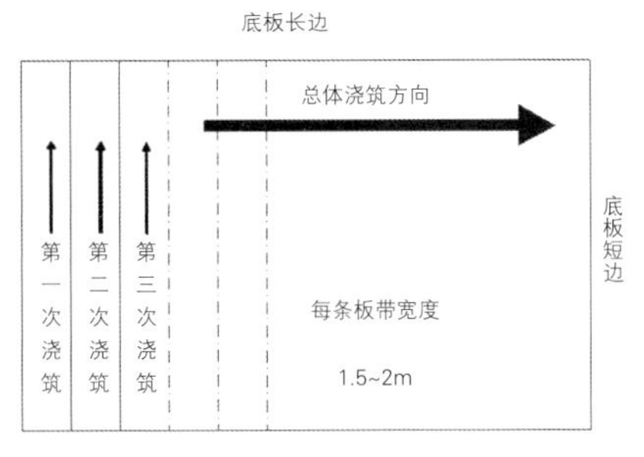

图2　基础底板区块浇筑流向

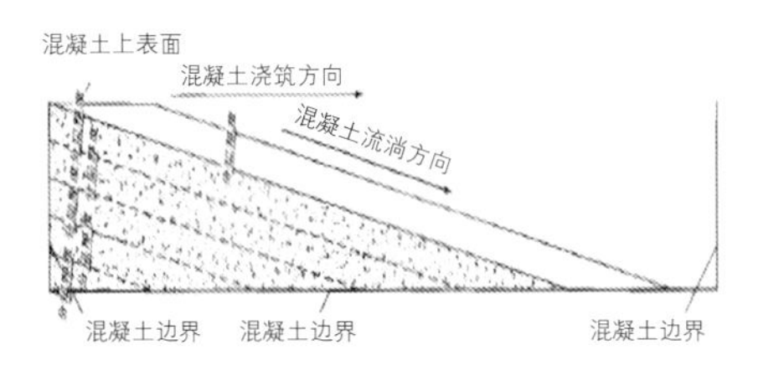

图3　基础底板斜向分层浇筑

建设项目全过程工程管理流程模型的探讨

方硃
北京帕克国际工程咨询股份有限公司

摘　要：此文从建设单位的建设项目“工程管理”的角度，借鉴了Prince2：2009项目管理方法论，引进了系统工程理论，总结了多年业主工程管理实践，从整体视角审视建设项目全过程全系统“工程管理”工作流程“脉络”，建立了结构化的流程模型，构建了工程管理四个维度与“A-PDC”流程相结合的总体框架。为提升建设项目监理转型升级到建设项目全过程“工程管理”咨询服务，提供了一个总体“工程管理导航图”。

关键词　工程管理　流程模型　全过程　全系统

一、建设项目全过程工程管理的地位

随着建筑行业的发展，工程项目发展得多具有建设功能复杂、投资规模巨大、工期长、技术新、涉及专业多、牵涉范围广、参建单位多等特点，对项目的目标要求更高，工程管理过程复杂，对建设单位的管理能力提出了更高的要求，需要更加专业化的工程管理机构、高水平的职业化工程管理队伍、具有各种执业资格的复合型工程管理人才。在现代的社会中，需要专业化的工程管理公司，专门承接工程管理业务，给业主提供专业化咨询和管理服务，这是世界性的潮流。

为提高建筑行业工程管理水平，建设项目投资主体（或称建设单位或项目法人或业主）及开发商及EPC（设计和建造）工程总承包机构内均应自行组织或以委托方式聘用专业认证的咨询机构及“管理师”：1）实施“工程管理责任制”；2）实施建设项目全过程工程管理；3）分别在建设项目的阶段或领域实施专项管理。

工程管理与设计、咨询及建造管理不同。在同一个建设项目，项目和产品存在利益相关方，包括有政府主管与质量监督部门、项目建设单位即项目业主、金融机构及投资方、项目使用者即产品用户、咨询、监理、造价咨询、招标代理、质量检测、勘察和设计（总包）单位、施工（总包）承包商、材料供应商和分包商等参建或相关单位。上述主体单位均进行各自的项目管理，可以分别称为咨询管理、工程监理、造价咨询、招标代理、检测管理、勘察及设计管理、建造管理、分包管理等专项管理；其派出的现场负责人可简称为咨询经理、监理总监、造价经理、招标经理、检测经理、勘察和设计经理、建造经理、分包经理。

二、建设项目“工程管理”路线图

建设项目“工程管理”的基础是“分解再分解、由表至里、循序渐明”。

（一）工程管理的维度

在工程实践中，“工程管理”有以下5个管理维度：

1. 项目产品维度（可分解为产品配置码 Product Breakdown Structure PBS）

建设项目“工程管理”的基础是面向项目产品对象的管理。首先，要回答“做什么？”每个建设项目都会创造独特的工程产品或服务或成果。按建设项目分部分项工程规范划分，建设项目划分为单项工程、单位工程、分部（专业）工程、分项工程、检验批次。一个成功的工程管理首先是以产品为导向。项目技术团队需要进行“需求管理”来充分理解利益相关方对产品的期望和功能，进行“配置管理”来定义项目的范围和质量标准。

2. 项目生命周期维度（可分解为过程工作码 Work Breakdown Structure WBS）

项目是一个“决策输入→投入实施→验证输出”的过程。项目是在逐个阶段基础上进行计划（P）、跟踪（D）、评测（C）、处置（O）来进行组织建设的。此回答了“如何做？”将项目划分成许多管理阶段，通过项目的每个阶段涉及需完成的不同任务、关键决策点，来加以区分每个阶段目标、可交付成果、主要工作、可采用的工具方法和技术。在每个阶段结束的时候，应该对项目的状态加以评估，对项目论证和计划进行评审，来确保项目仍然有效，并作出项目是否还要继续的决定。

根据国家发改委的有关规定，按系统工程寿命周期，按业主实施工程管理的主要过程，可分为：1）项目决策阶段（I）、2）主体设计和管理策划阶段（P）、3）详细设计及采购准备阶段（P）（即完成系统其他子项详细设计和招投标）、4）施工建造阶段（D）（即进行部件的建造／编码、组装、集成系）、5）竣工验收（C）交付阶段（O）（系统验证并准备运行投入生产）、6）运营维护保修阶段、项目后评价和处置阶段。

3. 工程管理层级维度（可分解为机构码 Organization Breakdown Structure OBS）

项目通常是跨职能性的，可能涉及内部和外部多个团体。此回答了“谁来做？”所有的项目，均是由多个团体共同“协同工作”完成的。工程管理必须建立一个新项目团队系统构架，有一个明确的工程管理团队层级结构，授权各层级各方工作责任，制定这些角色之间有效的沟通方法，使其“并行协同”地进行工作。

对不同层级的团队来说管理的责任、信息、角度不同即造成其“视野”不同。应按照现代企业制度要求，系统工程引擎（A–PDC）构建了（I）项目法人决策机构、（P）设计和技术管理团队、（D）施工建造执行团队、（C）工程管理团队的权责，完善建设项目顶层治理结构制度。

项目团队构架可分为四个层次建立合适的项目治理：

- 决策层（Approve）：包括项目建设单位（项目法人）及公司层级，是工程宏观决策管理层，主要任务是进行工程的立项、融资、工程最终结果接收和投资效益评价。
- 工程管理层（Plan Check）：包括项目管理、造价顾问、招投标代理等专项管理单位，主要任务是平衡项目的质量、成本、进度三要素目标，在实施过程中进行策划、控制和评审。
- 技术和质量控制层（Check）：包括设计监理、建造监理、质量检测等专项单位，是对建设项目系统产品从技术角度进行评审测试验证，对工程系统的设计、建造、运行过程的质量进行控制。
- 执行及作业层（Do）：包括设计单位、建造承包单位或工程总承包单位（EPCT），是对建设项目系统产品实施设计、生产建造、运行使用的具体建造生产作业操作。

4. 项目成功目标维度（可分解为约束目标码 Restrain Breakdown Structure RBS）

工程管理更是以目标为导向的系统管理方法体系。须回答“为什么作？何种是成功？”每个项目按建设项目约束条件进行项目论证，会有一个开始建设的合理理由。这一合理性推动了项目流程，是项目的“原动力”，它在项目开发整个过程中应该持续保持有效。一般将项目成功目标划分为收益、技术、质量、成本、进度、安全、风险、合同、资料等管理目标。工程管理必须持续关注这些项目职能目标方面控制，并将各职能目标有机结合在一起进行管理决策。

5. 系统工程引擎维度（驱动器）

建设项目的开发通常都是复杂的，涉及许多不同专业人员和专家运用知识和经验进行决策。工程管理的目的，是对参与项目的各方的行为、项目的产品功能和质量、生产的过程、当初约定的约束条件目标等加以专门控制。按“系统工程引擎”理论，《项目可研报告》的决策“输入”了项目目标及容许偏差；然后在逐个层级进行计划和授权；通过设定每个层次计划目标——范围、质量、时间、成本、风险、收益——6个绩效指标容许偏差；每个层级在容许值内进行控制活动；监督控制的方法即为批准（Approve）——计划（Plan）、跟踪（Do）、评审（Check）——输出决定（Out）等的专业化管理“工作流”。如果预测将要突破容许偏差，即刻要采取纠偏措施；若本层级无法解决偏差，需要立即向上一级管理层报告，以决定项目是否继续实施。这样的保证机制，各级管理层对有效控制才抱有信心。

在项目的全寿命周期中，系统工程引擎（A-PDC）（驱动器）是一个有条不紊的控制机制，循环反复地嵌套在建设项目系统的1）管理各层级；2）产品各层级；3）实施过程各阶段节点；4）管理各目标中。从而在整个工程管理中形成了“嵌套”“迭代”的“螺旋状”的工作流，并持续进行到项目结束。

（二）建设项目实施“路线图”

建设项目是一个“决策输入→投入实施→验证输出”的过程，是众多的工作在以时间为标尺，以逻辑前后关系或团队层级关系为顺序陆续展开进行的过程。那么如何制造？如下图示意，可称为建设项目“实施路线图”。建设项目开发活动过程包括四个层次：1）产品（设计和建造）开发作业；2）技术监理过程；3）工程管理过程和；4）工程宏观决策过程。

1. 产品（设计和建造）开发作业过程

首先在设计师的头脑中对所要建造的“建设项目”进行系统分析及分解定义，再组装形成“虚拟建筑”过程，这就是设计过程。这个过程就是V形图左侧的分解与定义过程。

最底层小型物件“元件”，利用现有的材料、器件及部件和技术进行建造，按图进行组装、集成各专业系统直到实现整个实体建筑。这个过程就是V形图右侧的建造过程。此过程也就是将设计师的头脑中所要建造的“虚拟建筑”，进行现实的还原，实际建造、组装集成的过程。

2. 技术监理过程

对建设项目产品系统从技术角度的控制。主要包括技术规划、技术控制、技术评估和技术决策等。技术监理集中于建设项目的产出物、交付物的技术问题，技术监理过程要覆盖到V形图的所有步骤。

3. 工程管理过程

对建设项目目标系统、资源约束的全面的控制。对建设项目系统的质量、成本、进度的目标进行计划，提供资源，并在实施过程中进行控制。工程管理则是按照管理的一般原则而关注质量、成本、进度等目标要素的管理。

4. 工程的宏观管理。

建设项目本身都处在一定的社会团体及企业战略规划环境中，投资者需要进行工程的立项、融资、工程最终效益评价。这在工程的“建管经理”的权限之外，但又必须是投资方控制的内容。可称为工程的宏观管理。

三、建设项目“全过程全系统4层次5维度工程管理模型”

总观工程管理的上述5个维度的工作，均是在同一时间域和空间域中“并行协同”进行的。若把时间轴作为一个标尺，将上述“工程管理”层次、过程、目标及流程都纳入进来，就形成了建设项目“全过程全系统4层次5维度工程管理工作模型”，如图2。此模型图构建了1）管理层级；2）项目开发过程；3）产品的生产作业；4）职能目标；5）系统工程引擎（A-PDC）控制流程等建设项目全过程全系统的“工程管理导航图”。包括：

1. 项目决策流程

项目需要花费时间和成本来启动，启动之前应当事先进行计划，并接受监督和控制。项目决策流程（SU）的活动是确定所提出重大新系统的可行性和迫切性，并建立与建设单位战略规划兼容的项目初始控制基准线——《项目纲要》，定义明确的建设项目使命方案，并安排或确保所需技术开发的责任。

2. 项目启动流程

为了获得项目成功，所有相关方都必须清楚项目想要取得什么，为什么需要项目，如何取得项目成果和他们各自有什么职责？项目启动流程（工程管理策划阶段）的目的，是公司高层在承诺大笔资金投入前，能够了解为了交付项目产品需要完成的工作并充满信心。项目启动流程是项目生命周期过程中重要的策划和计划环节，其工作目标是完成项目各种计划的编制；其阶段性可交付成果是《项目计划》。该阶段是决定项目成败的关键。

3. 项目全过程审批及督导流程

项目“建设总监”（项目委员会）负责保证项目持续收益论证。项目审批及督导流程为“建设总监”（项目委员会）提供了既保证决策，又不会负担过重的一种机制。“建设总监”（项目委员会）通过报告进行监控，通过“纠偏管理”对项目进行决策调整、控制。“建管经理”进行“项目会议”并将任何超出项目“基准线”的偏差情况通知“建设总监”（项目委员会）来进行决策。项目审批及督导流程，从项目决策阶段、在启动请示触发下开始，持续到项目竣工收尾阶段。

4. 建设项目整体工程管理流程

对项目而言，建设单位的“工程管理”处于主导地位。建设项目的建设过程中往往涉及法律、技术、财务、行政等多方面要素，需要任命一个工程管理机构或“建管经理”，运用自己的专业知识对项目进行全过程的决策——计划、监视、评审等控制工作。对于大型的和复杂的项目，就特别需要将工程管理分离出来以便于“建设总监”纵览全局。

工程管理机构的宗旨是代表建设单位的利益而采取行动。

5. 工程日常控制流程

建设项目的实际实施大多数采用外包合同形式展开。“合同包”是对项目产品或相应的产品描述进一步分解得到的。“合同包”用于定义和控制“承包经理”将要完成的工作，并为承包合同设定容许偏差。

工程日常控制流程描述了“建管经理”在项目实施各阶段期间如何处理日常管理工作。该流程适用于项目中的每

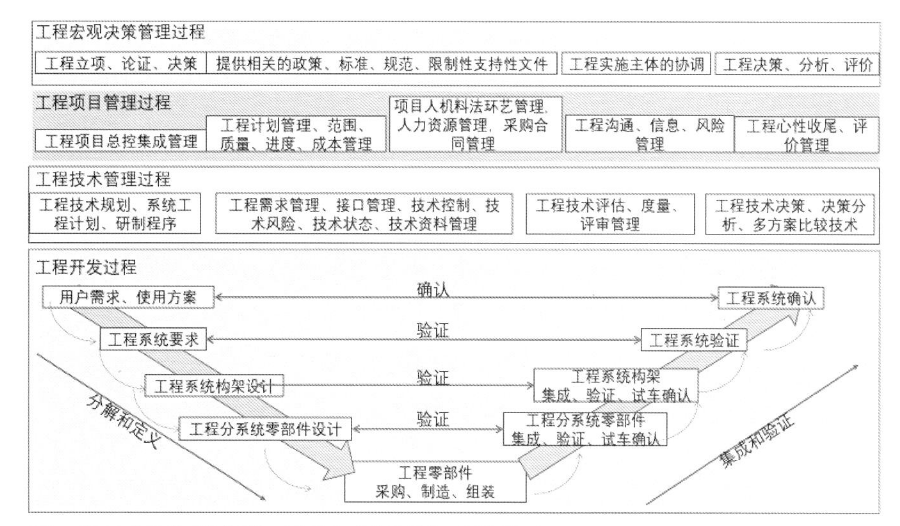

图1　项目实施流程“路线图”（摘录自《NASA系统工程手册》）

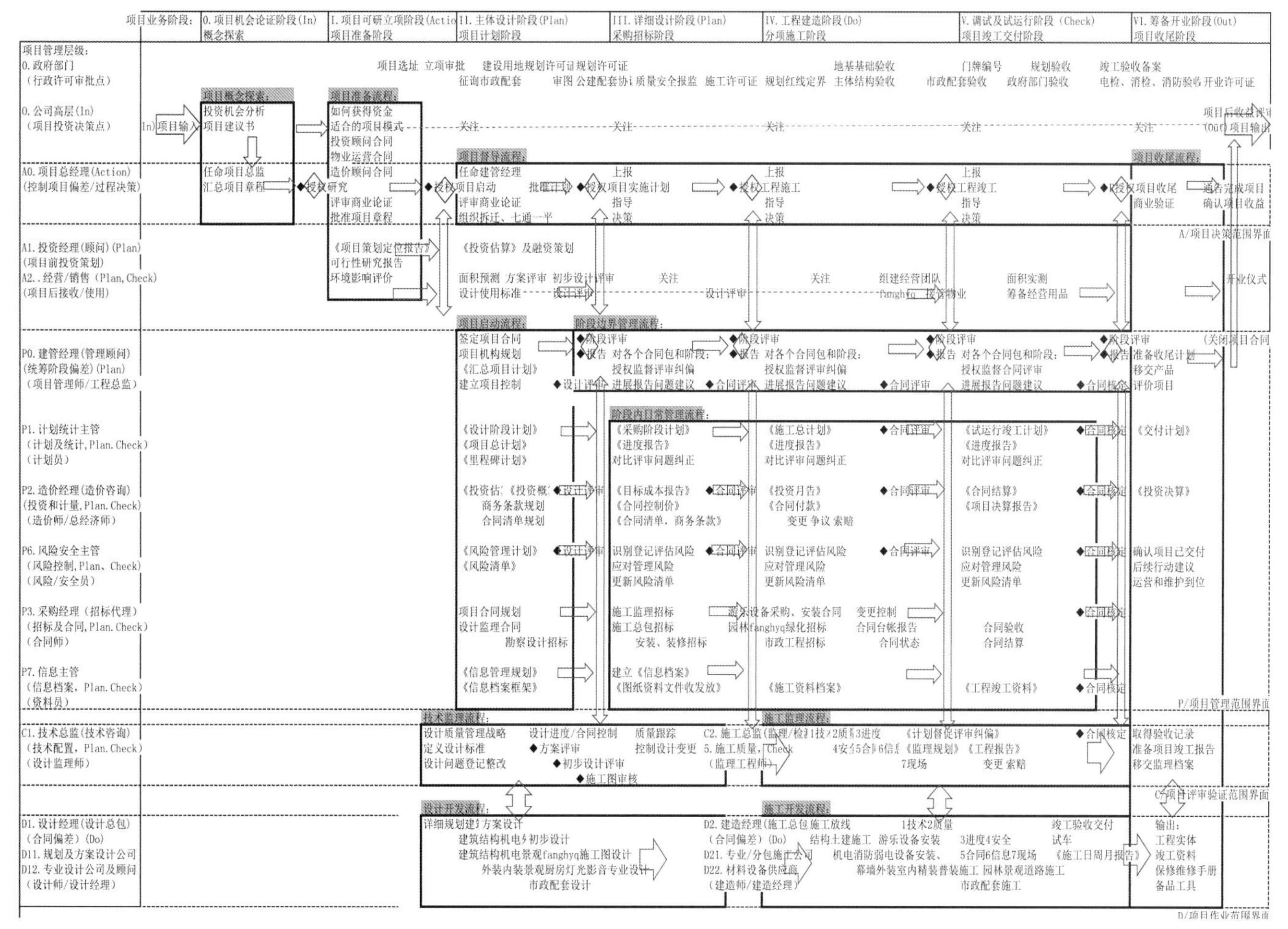

图2　全过程全系统4层次5维度工程管理导航图

一个实施交付合同。工程日常控制流程的目的，是决定采取行动——分配和计划需要完成的项目产品工作、监视这些开发工作、检查和发现问题，来确保该阶段仍保持在容许偏差范围内。同时向“建设总监”（项目委员会）提交《进展及纠偏报告》。

6. 阶段边界点评审纠偏流程

建设项目工程管理的基础是把项目划分为若干个管理阶段。在每个阶段结束时，都应确认项目的关注点持续正确。在应对《偏差报告》预测的阶段或项目将超出其容许偏差时，“建设总监”（项目委员会）可能会批准并决策采取纠正性行动，来确保下阶段仍保持在容许偏差范围内；若有必要，项目可以重新确定方向或者中止，以避免浪费时间和金钱。

阶段边界评审纠偏流程的目的，是“建管经理”向“建设总监”（项目委员会）提供项目实施信息，使之能够评审当前阶段的进展，持续评审项目收益和风险的可接受性。项目应该在每个管理阶段结束或临近结束时，执行该流程。

7. 工程技术监理

技术监理流程是工程管理和技术开发团队之间的纽带。在系统工程引擎的技术监理部分，项目技术团队的每个成员都依赖于8个相互关联的流程来满足项目设计目标：1）技术规划；2）需求管理；3）接口管理；4）技术风险管理；5）技术配置管理；6）技术数据管理；7）技术评估；8）决策分析。这些工作从项目技术团队在概念探索阶段进行大量规划时开始，是一个“螺旋式迭代”的过程。

8. 工程建造监理

对建设项目建造实施监理是国际上通行的做法，在中国属国家强制性规定。工程（建造）监理单位受建设单位委托，按照建设项目监理合同，在建造施工保修等阶段提供监理服务活动。

工程建造阶段监理单位任务，是根据法律法规、建设标准、勘察和设计文件，对建设项目质量、造价、进度、合同、信息进行管理，对工程建设参建方履行建造活动实施专业化监督和管理。

9. 建设项目主体设计

项目勘察和设计是复杂的综合性技术经济工作，需要进行大量的分析工作。在此阶段中，主要活动是建立初始的《项目产品标准控制基准线》（项目产品系统标准），包括完成项目层的性能需求分解、完整的系统和子系统设计规范集、相应的主体初步设计，建立可靠的项目进度和费用估算。

建设项目一般进行两阶段设计，即初步设计和施工图设计。技术上比较复杂的项目，其中增加技术设计阶段。

10. 工程系统建造、组装

工程施工建造阶段意味着现场的实际建造工作的开始。进行产品系统的生产、组装、集成活动、初步培训使用人员，以及实施后勤保障和备件计划，最终形成能够满足项目系统工程需求，实现其项目目标的工程实物产品，随后准备运行和投产使用。

项目产品建造和交付流程目的，是进行“合同包”的接受、执行和交付流程，使“建管经理”与建造经理之间建立项目产品生产的控制。

11. 项目竣工收尾流程

现代工程的复杂性和尖端性，需要留出时间来进行检验和调试每个子系统。项目建设单位试运行结果决定了整个项目的成败。竣工验收是检验工程的质量和功能是否满足预定的项目目标和要求，然后交付使用。

项目是有一个起点和一个终点。竣工收尾活动应作为最后一个工程管理阶段。其目的是业主对项目产品的确认验收，认可项目启动文件中最初设立的项目目标已经实现。

结语

“工程管理导航图”，提供了一整套职能、流程的框架，规定了由谁、在什么时候、需要做什么事，用来从头到尾管理建设项目。

中国建筑行业的工程管理需要与时俱进。要借鉴其他行业的先进管理技术（例如需求管理、配置管理、缺陷BUG管理）、引进系统工程学理论和方法（例如系统工程引擎）、嫁接国际先进的工程管理理论（例如Prince2：2009结构化方法）、总结建设项目系统内在的逻辑规律（例如BIM实践）；坚持自主创新、以人为本、科学发展观，不断改进和提高建设项目工程管理水平，实现中国建设项目的可持续发展。

参考文献

[1] 中国（双法）项目管理研究委员会．中国项目管理知识体系（C-PMBOK2006）（修订版）．北京：电子工业出版社，2008.
[2] 美国项目管理协会．项目管理知识体系指南(PMBOK指南)（第5版）．许江林等，译．北京：电子工业出版社，2013
[3] NASA系统工程手册．朱一凡等，译．北京：电子工业出版社，2012.
[4] GB/T 50319—2013 建设工程监理规范[S]．北京：中国建筑工业出版社，2014.
[5] GB/T 50326—2017 建设工程项目管理规范[S]．北京：中国建筑工业出版社，2017.

监理企业转型全过程工程咨询的探索

浙江五洲工程项目管理有限公司

一、对全过程工程咨询主要特征的理解

（一）从单项割裂到系统整合

全过程工程咨询模式的出现，让专业融合、系统整合，实现由一家单位完成全部服务成为可能。

（二）从专业第三方到甲方角色

全过程工程咨询的本质是业主方项目管理，处于工程建设的前端位置，发挥着核心重要作用，是当前市场中许多业主客观存在的短板。在全过程工程咨询模式下，咨询企业必须从甲方角色出发，充当甲方顾问、管家的身份，以业主方思维开展全目标管理。

（三）从注重后期到向前延伸

在全过程工程咨询模式中，设计、设计管理及建筑师主导作用开始得到重视和突出，工程建设投资决策阶段和前期策划设计阶段的重要性得以凸显。这一趋势导向在广东、雄安等地区的相关指引文件和招标管理办法中均有所体现。全过程工程咨询是包含设计和规划在内的组织、管理、经济和技术等各有关方面的工程咨询服务。

（四）从单一目标到整体目标

在全过程工程咨询模式下咨询单位作为代甲方，更有利于对工程建设全目标负责，实现更快的工期、更省的投资、更小的风险、更高的品质、更绿色的运维。

（五）从中国特色到对标国际

全过程工程咨询概念与国际上项目管理承包（以下简称，PMC）概念相似，均是业主根据项目特点选择合适的咨询单位参与阶段性或全过程服务。PMC与工程总承包（以下简称，EPC）是国际上最常见的工程管理模式和建设模式，也是国际知名主流的顾问咨询企业或工程公司最主要的两大服务主业。全过程工程咨询在中国的大力推进，使中国建筑业接轨国际，对标先进的大势所趋。

二、五洲管理过去的一些基本做法（五个较早，六个坚持）

（一）较早解决全资质准入，实现全产品经营和全专业人才储备

通过申报、兼并、收购等多形式解决行业全资质准入，逐步完成了建筑设计、综合监理、工程代建、工程咨询、造价咨询、政府采购、招标代理等20余项甲级资质/资信的准备，获得了浙江省工程总承包试点单位资格，是行业内为数不多能够同时开展各阶段、多产品服务的企业；同时培育了一批服务于各专业的人才队伍。

（二）较早探索1+X产品组合模式，积累全过程工程咨询经验

提前十多年探索“1+X”多产品、菜单式按需组合服务，依托全资质优势，积极探索监理+项目管理、监理+造价、监理+设计管理、设计+代建、设计+监理+项目管理+造价“四位一体”等不同类型组合模式。在推广整合服务理念的同时，也为企业积累了一批成功案例和实战经验。

（三）较早开展并坚持做代建（项目管理），培育业主方角色、甲方思维和全目标管理能力

2003年成立浙江省最早以工程项目管理命名的企业，2005年成为浙江省第一批综合代建企业。通过监理、咨询、造价等其他业务反哺的形式，在逆势中始终坚持开展代建（项目管理）业务，培育了从项目立项到竣工验收的全过程管理能力，培养了一批精通设计、采购、施工及咨询、造价、招标等全过程的复合型专业人才，从根本上培育了企业的全目标管理能力、业主方角色意识和甲方思维能力。

（四）较早培育设计管理这一重点，探索设计+模式

在代建（项目管理）产品中始终突出“设计管理”这一重点，通过自行培养建筑师队伍、收购甲级设计院、组建设计管理顾问有限公司、探索建筑师负

责制和建筑事务所模式，牢牢把握设计环节核心地位，发挥设计龙头作用。

同时积极推广“设计 + 代建”“设计 + 监理”“监理 + 设计管理”等组合模式，大力推广限额设计，培育设计源头进行投资控制的能力，培育设计管理高地。

（五）较早探索项目前期策划先行和项目启动会制度

工程建设前期是重点，后期是难点。公司充分认识全过程工程咨询服务中前期策划的科学引领作用，力争项目实施的前提是“想明白、写明白”。在各项目部推广项目启动会，以项目办牵头负责编制全方位、高质量策划方案，力争给业主“讲清楚、弄明白”，在前期解决项目建设的重难点、关键性工作。

（六）坚持培育投资决策综合性咨询能力，提升投资决策科学化

坚持培育工程（前期）咨询产品，成为第一批国家发改委甲级综合资信企业。积极响应投资项目决策并联审批、联合审批政策导向，提高各类审批要求一并研究论证的业务能力，积极开展投资决策综合性咨询业务，不断提升投资决策科学化水平，提高投资项目建设效益。

（七）坚持探索组织构架优化，推动各专业深度融合

不断调整优化组织构架，围绕工程建设全寿命、全目标管理要求，形成：1）集团总部—资源文化保障；2）后台支撑—管理支持保障；3）专业公司—专业技术保障；4）区域公司—公共关系保障；5）项目群—经验教训分享；6）项目部—服务主体。共“六个层级”的矩阵式管理构架。

通过设计院、造价公司等专业公司领导交叉任职，助力“设计、采购、施工”深度融合；推广专业首席工程师领衔制，统筹各专业工作，保证专业支撑质量；通过专业人员的大幅度、跨专业轮岗和实训，培养复合型人才，实现资源的最大共享，推动各专业的深度融合。

（八）坚持标准、信息、制度“三化建设”，提升平台化能力

坚持标准化建设，实现从凭空到凭据的管理提升，从经验管理向知识管理的跨越，形成各级、各类规范体系；

坚持信息化建设，发挥物联网优势，加强数据积累和总结，提升标准的数字化能力，以信息化助推标准化落地；

坚持制度化建设，通过“精前端、强后台”管控模式，集聚优秀人才组成强后台共管，实现标准化、信息化的有效开展。

通过“三化”建设，切实提升作为平台化企业的底蕴和能力，让同时保障不同项目全过程工程咨询的建设目标成为可能。

（九）坚持 EPC 愿景，探索真业主模式

在积累并培育全过程工程咨询能力的同时，五洲管理依托设计、采购、施工领域的先天优势，水到渠成率先完成了咨询企业向 EPC 转型的目标和愿景。五洲管理认为：EPC= 全过程工程咨询 + 采购 + 施工，得益于 EPC 与全过程工程咨询要素的相似性，企业通过深度实践“设计—采购—施工”一体化能力，让从事全过程工程咨询变得更加简单。

（十）坚持强化科研投入，培育核心竞争力

深刻学习国际先进顾问管理公司的核心竞争力来源，是对自有知识产权的核心技术持续领先。

为此公司坚持每年投入企业当年利润的一定比例用于科研工作。从获批国家级高新技术企业开始，到获批市级、省级企业技术研发中心，引进博士人才、申报设立博士工作站，积极推广新技术、新模式、新课题的研发与落地，培育全过程工程咨询的核心竞争力。

（十一）坚持党建引领和文化导向作用，不忘初心坚守愿景

坚持“党建强、发展强”理念，培育“红色标尺”党建特色品牌，坚持“创造价值、满意服务”“做有情怀的建筑人”等核心价值导向，在全司范围内构筑形成积极践行“全过程工程咨询和工程总承包”2P 核心战略，打造中国知名顾问、工程公司，不忘初心，攻坚克难，一贯到底。

三、五洲管理今后的打算

（一）继续坚持 2P 愿景不动摇，对标国际先进企业，打造中国知名的顾问、工程公司。

（二）启动主板上市工作，以资本为纽带，推动企业跨区域、跨专业“两跨战略”，实现从“加法式”到“乘法式”发展。

（三）实现平台化发展

1. 整合资源、打造平台，实现品牌、管理、标准、文化的输出。

2. 面向全国市场，与各区域具有本土化优势的优秀企业开展多层次合作，以联合体、股权合作或管理输出等多形式探索新的共赢机制，实现优势互补，协同发展，推动行业进步。

五洲管理仍在转型发展的道路上奋力前行，前进的道路有成功的经验，也有失败的教训，以上不成熟的观点还望大家批评指正。

浅谈如何使现场监理工作发挥重大作用

忻欣
北京建工京精大房工程建设监理公司

摘　要：根据作者20余年从事监理工作的体会，浅谈做好监理各项工作的要点。
关键词　工程监理　素质提升　坚持原则　严格自律

一、组织监理机构和设立监理顾问组

为加大施工现场监理管理力度并结合工程特点，人员的配备将满足不同专业、不同阶段的监理工作需求。因此，在项目实施前，根据项目的特点和相关监理人员的自身特点，成立组织机构，确定每个人的具体岗位。在总监理工程师负责制的前提下，在不同的施工阶段，根据不同的专业，选派合适专业的监理人员。

利用公司有利资源，由公司总工办各位顾问、专家组成监理专家组，为本工程提供全方位的技术支持，并能够为业主提供施工技术、工艺、新材料的使用等方面的参考性意见，可以凭借公司技术优势和多年监理工作经验给予项目最大的支持。

二、完善内部管理和监理绩效考核

对于一个工程项目，涉及的方面、环节众多，监理除了要做好全面的监控工作以外，还要善于抓住矛盾的主要方面，抓住关键性、重点性的东西。开展监理工作前，要建立完善的、相应的监理管理制度，用制度规范每一位员工的行为，逐步增强员工的自觉性，形成一种良好的且具有项目特色的工作、学习、生活氛围，充分调动每一位监理人员的工作积极性和主观能动性，并在学习过程中不断提高专业水平。

为使监理工作在服务质量和工作水平上能够充分满足业主的要求，公司定期或不定期对项目进行全方面绩效考核，并针对项目遇到的各种困难给予指导和帮助。确保监理工作能够顺利开展。

三、做好预控和全过程的动态控制

一个项目的建设往往涉及工程的方方面面，组织实施协作的工作十分繁重。所以，如果缺乏事先的科学分析，提前的组织准备，周密的统筹规划是难以完成监理任务的。因此要求监理人员在工程展开之前就要拿出深思熟虑的办法与对策。这种先于实施的先导举措，是质量、进度、投资控制和安全施工的前提。

而要搞好监理预控，则必须在“预”字上下功夫，做到预测预控、预先防范、预而有序，一定要注重做好事前的了解、沟通、预测、准备、交底、预防、预控等工作。监理人员须充分熟悉设计图纸，技术规范，了解施工现场实际情况，认真调研，扩大信息量，总结过去分析现在，发挥智能优势，运用成熟经验。平时要及时预见、发现问题并妥善处理好问题，要把困难和问题设想的多一点，无论遇到任何困难及问题都能沉着应对，妥善解决。在全过程中，以动态思维不断进行质量、工期、投资的趋势分析，使工程建设的质量、进度、费用始终处于监理工程师的控制之下。超前监理具体体现在：监理规划、细则的编制，施工单位各类保证体系的健全和落实，施工组织设计和专项施工方案的审批，重要及关键部位的技术交底等。强调一点，对于预见到可能会出问题的地方，一定要采取切实有效的防范措施，防止问题变成现实，实在难于解决的问题一定要事先提出书面的处理意见和要求，做好自我保护措施。

四、积极主动从事工程管理工作

监理单位及其派驻的监理工程师接受业主的委托，严格按照“三控三管一协调”对工程监理，要求监理人员必须具有高度的责任心和主人翁意识，积极主动地管理工程，凡与工程有关的事项均须做到深入了解，责无旁贷。只有这样才能达到为业主服务，当好业主参谋的目的。不仅做到监督检查，事后把关的事情，还做预测和事前的策划工作，主动地审查施工单位所报的价格、进度计划和方案。同时自己做到事前心中有数，不受对方意见而左右，使工程始终处于受控状态。作为监理工程师，一旦发现图纸上的问题，就应当在维护原有设计质量的前提下，积极提出改进建议，使其更有利于施工、更符合实际情况、更有利于保证工程质量和加快施工进度。在现场能解决的现场商定拍板，而现场解决不了的可一方面向上一级监理机构或业主代表反映，一方面提出解决的具体建议方案。这种对待设计问题积极主动的态度，即是责任心和主人翁意识的具体体现。

五、保持监理工作的独立性

监理一定要做到自尊自信，保持自身的独立性。只有有了自己独立的人格和地位，才有可能获得他人的认可和尊重。不能做业主的小跟班，对业主唯命是从，甚至畏惧业主人员。对业主既要热情服务又要保持独立性。与施工单位也要保持一定距离绝不可总是维护施工单位一方。要注意到自己的身份和职责，任何事情都要掌握好分寸，注意“度”的把握，严格坚持原则。在协调处理问题时，要努力做到公正、公平、正义，让各方信服。只有这样才能获得各方尊重，并有利于树立监理威信。如果总是偏袒某一方，另一方就会把你不当回事，甚至会瞧不起你，或引起逆反、仇视心理。其实，适当地维护施工方的正当权益，业主方也不会反感，但要注意方式方法，说话、行文也要适当注意。

总的来讲，做监理工作不要有太多顾虑，该说的要说，该做的要做，要全力防范自身的风险，而不必过多考虑其他单位和人员的感受。否则，很可能因此带来更多的被动和损害。

六、坚持原则性与灵活性相结合

对原则性的问题要努力把握好，不可因为困难而畏缩不前，或是草草了事。此时，一定要想到自身所担负的责任和风险，必须做到对自己对公司负责。对一些非原则性的事情，也应尽量做好，实在困难太大时，可在权衡利弊后视情适当灵活处理。在现实当中，太过迂腐是行不通的，是没有办法开展监理工作和生存的。

七、严格监督，主动监理，热情服务，监帮结合

严格按规范进行监理，针对施工单位管理人员不齐、素质较低、经验不足、管理薄弱等实际情况，改变以往只以验收为主的被动监理为注重过程的监理，采取主动的以监、带、帮的方式，深入现场，利用公司的技术优势规范指导施工行为。

业主聘请监理的目的主要是做好协调管理工作，监理工程师通过热情服务，增加了施工单位对监理工程师的信任，在施工中相互配合，有困难互相商量解决。监理工程师则利用自己的各类专业知识及时提醒施工单位注意易出现质量问题的关键工序及制约施工进度的一些工序。同时，在工程质量得到保证的情况下给予合理化建议，以降低施工单位的施工成本，使施工单位在施工期间的同期利润有所保证与提高，这样施工单位才能心悦诚服地听从并执行监理工程师的各种指令，做到监理在与不在现场一个样，能够自觉执行施工规范，按图施工，这样就将监理工作变被动为主动。从表面上看是维护了施工单位的利益，其实根本上还是维护了业主的利益，做到了工程的质量、进度、投资的严格监理，达到了业主委托监理的目的，监理工程师也完成了自己的任务。 这种热情服务的方式，不是放任自流，放松监理，而是为了达到严格监理的一种手段，使施工单位更严格、主动地参照监理的意图去考虑，采用化消极为积极的工作方式，不会由于监理的冷面孔而引起抵触情绪。

八、提高旁站监理工作质量

所谓旁站监理，简单地说是指监理人员对工程的重要环节或关键部位实施监督的过程。因此旁站既是工程质量控制的重要手段，又是防止工程事故的重要措施。旁站工作能使监理人员更深入、细致地洞察施工中的每一个环节，同时督促施工单位在实施过程中落实各项措施及管理，也增加一道把守质量的关口。为此，针对项目的特点，项目监理部制定详细的旁站实施计划，并在过程中严格按计划执行，做好旁站记录，把好每一道工序的验收关。

监理人员在进行旁站时做到不图形式，不走过场。为确保万无一失，对关键工序和重要部位，均选派经验丰富的监理工程师亲自参加旁站监督。监理人员的责任心和旁站效果，将直接影响监理工作的成败，监理部采用巡查、督查的制约机制加强对现场监理旁站效果的检查。同时通过监理人员每日多次巡视能够随时掌握工程施工动态，处理现场出现的问题，以便对施工现场的质量、进度、安全做到全面掌控。

九、建立学习型团队，提高监理队伍的总体素质

随着建筑市场的不断发展，大的工程项目承包商基本上是国家一级施工企业，无论技术水平、管理方法，还是施工经验都有其独到之处。因此，作为监理人员要想得到建设单位及承包商的理解与尊重，成为一名合格的监理工程师，就要无论在设计理论还是施工经验方面，都具有足够的阅历和处理各种复杂问题的能力，为了使其知识水平和管理能力高出一筹，要求监理人员时时具有危机感，不仅要把设计图纸和技术规范吃透，更要从施工现场和施工过程中吸取第一手丰富而又全面的知识，不断总结实践经验，提高综合分析论证能力，真正做到及时发现和妥善处理项目建设中遇到的各种复杂难题。

在不断努力提高自身的专业能力外，还得注意锻炼和提高自己的语言和文字表达能力、日常事务处理和协调能力、相应的管理能力等。一个好的监理人员应是专业、语言、文字、管理等各方面能力的人员，更要不断地学习、总结和积累。另外，必须注意维护好自身形象，注意好自己的言谈举止、仪表。不可表现猥琐，进退失据。具有良好形象和气质的人容易获得他人的重视。监理人员做人应有大气、正气，在工作中不应带有私心杂念。

同时，在项目部营造良好的学习氛围，利用业余时间不断地学习技术、法律和现代化管理手段，学习综合评价的技巧和原理，提高综合分析和解决问题的能力，不断拓宽和更新知识面，提高总体素质。

十、加强安全生产管理

公司把安全管理作为监理工作中的一项重要内容来抓，它事关国家、人民生命财产安全问题。安全生产措施是否落实要作为工程能否开工的一个前提条件，在开工前监理工程师把承包人提交的“施工组织设计”中的安全保障措施是否健全有效作为重点内容来认真审查，施工过程中每道高危工序，承包人必须制定具体的安全生产方案。监理人员在旁站的同时，要时刻注意并督促施工单位做好安全生产保障工作，发现事故苗头立即进行制止。根据相关法规要求，形成定期安全生产检查制度，建立日常安全生产检查台账，及时清查事故隐患，针对现场危险性较大的作业监理安全员进行旁站监督，确保施工安全。

十一、培养团体精神、发挥团队作用

要想发挥监理公司的整体作用，建立团队精神是非常关键的，这决定了一个项目工作质量的优劣。好的监理团队肯定是一个团结一心的集体，有一致的目标、相同或相近的价值取向。

（一）宣传公司企业文化，建立一致或相通的价值观

经常召开全体监理人员内部会议，对公司的发展进行宣传，增加监理人员对公司的坚定信心。在日常工作生活中，进行正确的引导，鼓励所有监理人员不断进取。总监理工程师经常同监理人员进行交流、谈心，加强自我责任感、社会责任感，宣传积极向上的精神。

（二）经常组织开展有益的集体活动，这种方式能增强每个监理人员之间的互相了解，有利于工作上的相互配合，也会使每个监理人员潜移默化地产生集体荣誉感。

十二、重视监理资料整理工作

监理资料是监理工作的具体体现，是建设工程全面、准确地反映。监理资料的系统清晰、有条不紊，从一方面说明了监理工作开展的正常有序。

文档资料强调的是同步性、完整性、系统性、准确性和真实性，监理人员在资

料平时的收集与整理中就要做到这一点。资料整理要做到与工程同步，工程干到什么程度，资料就要及时整理到什么程度，坚决做到工程完，资料全，决不欠账。对收发文件严格管理，所有监理指令下发后，追溯跟踪，发现问题要有切实可行的处理方案和完善的处理结果。

监理日记、旁站记录的内容要与施工单位记录的相关内容对应，有的数据要吻合。在浇筑混凝土前，相应的支模架验收、模板工程验收、钢筋工程验收、安装工程验收、相关技术复核记录、混凝土配合比、质量保证等资料均要准备到位。要注意做好隐蔽工程验收、见证取样、现场计量检查等环节的影像资料拍摄、收集工作。

十三、建立严格的廉政守法工作制度

监理人员如果在工地“吃、拿、卡、要”，势必造成施工质量的失控。公司要求监理人员既要具备较高的专业技术素质，更要有良好的个人修养和职业道德。并制定廉洁自律措施，严格要求监理人员。监理人员不仅要具有专业工作能力，也要做到自律，秉持职业道德，决不可唯利是图，甚至于敲诈勒索，丧失职业原则。遇事必须做到诚信、守法、科学、公正，努力为建设单位服务，做好对施工单位的监督管理工作。

十四、加强与业主沟通，科学组织内外关系的总协调

工程各项配套繁多，通过例会、监理协调会、各种碰头会、交流会及论证会等形式，充分利用监理第三方的身份，担当起工程内外关系的总协调工作，使各专业工程的现场配合有序地进行，改变以往关系总协调由业主工程部负责的做法，有效地减少业主的工作量。通过与业主进行交流沟通，了解业主要求，切实帮助业主，满足业主对工程的各种需要。在工作中要注意做好与业主方的沟通配合工作，注重了解业主方的要求和意图，并努力贯彻执行或配合好。但对于业主方的无理、过分要求，不应盲目答应和支持，更不应为了自己不得罪业主人员而顺从，要妥善应对。

十五、要善于做好与公司、业主、质量安全监督机构、施工企业间的沟通或汇报工作，取得各方的支持和配合

（一）平时要多注意与业主方的沟通、交流工作，遇到不好解决的问题，要设法争取到业主方的理解和支持，以减少工作阻力，增加解决问题的动力。有的事情，只要业主方知道了，未及时表示明确反对，就意味着默认或是支持，我们就可以放心去做，而不要畏首畏尾。还要意识到业主人员也不是铁板一块，他们也有各自的想法和诉求，各自的利益也不完全一致，甚至会分出派别，相互之间有时也会产生矛盾。作为监理要善于发现和利用他们之间的不同和分歧，当得不到业主方某人的支持时，可以设法争取另外人的支持。必要时，还可以直接找到其上级乃至其最高领导反映问题，沟通思想获得其支持。当然考虑到与现场业主方人员间的关系，如要向其上级和高层反映事情时，也可先向公司有关部门报告，由其代为反映，这样可以避免与业主方人员发生直接冲突。

（二）遇到难以处理、不好处理的事情可以向公司质安部、工程管理部、总工办及相关领导汇报，寻求指导、支持和配合。有的问题由公司出面参与处理，可以轻易获得重视和解决。有时还可以防止监理部人员与业主方现场人员、施工人员间产生冲突。

（三）当遇到施工单位拒不服从监理，造成工程施工安全质量等失控时，必须坚决向政府主管部门报告，以控制事态和防范风险。对于政府主管部门责令整改的问题、要求做好的工作，一定要坚持照办，当施工单位不执行时要加大督促力度，实在不行必须及时向政府主管部门报告，以免在政府主管部门来复检、查检时受到连带处罚。报告可视情况灵活采用口头、电话、书面等形式，关键是反映问题和解决问题，同时又要尽量减少因报告而带来的负面作用。

（四）遇到问题，还可以与施工企业沟通，要求施工企业介入处理，充分借助其内部管理力量。项目监理部应有施工企业相关负责人、职能部门的联系电话，有事及时联系。当施工企业负责人和职能部门来工地检查时，应主动与其取得联系，反映存在的问题，提出相关要求，交流工作看法。

本着为业主服务的宗旨，监理在现场做的大量工作，也是希望能够得到业主方的信任。另外，除了认真完成监理本职工作外，应力所能及地协助业主做更多的工作，通过提供一些咨询和可行性建议，解决业主存在的实际问题，体现出监理的优势，令业主满意，使工程顺利进行。我们也将不断地进行研究、探索，让工程监理回归其“为业主提供全过程、全方位监督管理服务”的本来定位，做好自己的本职工作，互相协调，为建设工程更好的前景而努力。

监理企业技术研发工作的探索与实践

邱佳　尹虎　黄煜楷
西安高新建设监理有限责任公司

摘　要：本文通过分享西安高新建设监理有限责任公司技术研发工作的探索与实践，从企业标准化与信息化建设、服务主体多元化发展以及BIM技术应用研究等方面的工作中的技术创新成效为同类型企业的技术研发工作提供借鉴，加快传统监理企业的转型升级。

关键词　技术研发　监理企业　标准化　服务主体多元化　BIM

一、监理企业开展技术研发工作的必要性及价值

作为建设项目五大主体之一，每一个监理企业的成长都是从小变大、从弱变强，这其中的关键正是在于企业是否形成了区别于其他监理企业的核心竞争力。这其中，技术管理创新便是监理企业核心竞争力形成的重要途径，技术研发可以让企业获得其他企业没有的新技术、新知识和新能力，也可以让现有的服务体系更加规范与成熟，反过来也可以运用这些知识和能力，进一步满足客户的各类需求，不断扩大企业业务市场范围，使企业在市场竞争中取得较好的表现，促进自身的不断成长。

监理企业的技术研发，不一定像工业领域那样研发创造，但对于监理服务标准化、新业务的开展程序与方法以及行业新技术在监理工作中的应用等研究，都是可以提升监理企业核心竞争力的重要研究方向，对监理企业的持续发展具有重要意义。因此，监理企业同样需要技术研发，以保证服务质量与业务的可持续发展。

二、高新监理技术研发的探索实践

高新监理自成立以来，通过近20年的不断积累，在监理工作基本制度、流程、内部技术培训、服务品质保障等工作中，积累了一套完善的技术管理体系，服务品质也得到了社会各界和众多客户的广泛认同，先后获得全国、省、市先进工程监理企业，具有一定的品牌影响力和美誉度。多年来孜孜以求，积极探寻和创新业务发展的工作方法与思路，紧跟国家政策导向，适应新形势，主动作为，创新工作方式方法，形成了以技术研发为突破，支撑企业可持续发展的良性循环，现就企业在技术研发工作中的探索与实践之路作以分享。

（一）合理定位发展目标，指明研发方向

十八大以来，国家层面坚持以供给侧结构性改革为主线，以简政放权为抓手，通过完善工程建设组织模式，培育全过程工程咨询，推进建筑产业现代化等一系列措施，加快产业升级，促进建筑业持续健康发展，打造“中国建造”品牌。

因此，为顺应新时代发展的新要求，适应新形势下的新挑战，高新监理结合企业实际，编制了《公司2017~2022年技术发展规划》，为企业和员工树立共同的技术发展目标和愿景，通过企业标准化与信息化的建设，依托技术人才的培养和引进，以高技术、新技术研究应用为突破，加快技术升级，增强企业发展后劲；积极开拓创新，探索业务发展新方向，实现业务发展新格局，将公司建设成为西部成长型创新技术标杆企业，

实现价值服务、技术支撑的业务发展新局面，培育企业核心竞争力。

（二）建立并完善企业业务标准化体系，不断提升服务品质

1. 确定监理工作制度和工作表单，稳步推进监理工作标准化体系建设

自 2003 年起，公司在多年积累的监理服务标准基础上，依托管理体系标准，结合企业文化、战略方向、组织资源、运营状态等的内在需求，开展三标一体管理体系的构建，体系文件经历了 A 版到 H 版的完善与更新。2018 年更新的 H 版体系文件，是公司标准化管理的里程碑，其针对一线项目监理服务工作，制定了详尽的监理工作制度、工作记录表等标准化文件，包含 42 项工作制度、400 余张工作记录表单以及各类 16 份作业指导书，为公司监理服务标准化管理、服务品质提升发挥了重要作用。同时，积极引入信息化系统平台，将工作制度与工作表单有效融合，以监理行为管理为主线，搭建项目监理标准化工作平台，实现为监理服务工作指引，规范项目监理服务工作，提升企业综合管理水平。

2017 年公司结合管理体系基础，以监理规范为拓展和延伸，将指引性和可操作性作为主要特征，主编了涵盖项目监理机构及设施配备、质量安全、造价进度、合同信息和组织协调管理的工作标准——《陕西省建设工程项目监理工作标准》，为规范陕西省监理行业项目监理机构工作行为、提升监理工作水平具有重要意义，充分展现了公司在监理服务标准化工作中技术研发与创新成果。

2. 建立全过程工程咨询工作标准，探索全过程工程咨询发展路径

2018 年，公司根据国办发〔2017〕19 号、建市〔2017〕145 号等文件精神，结合公司全过程工程咨询服务业务特点，组织编制了具有引领性、前瞻性和可实施性的“全过程工程项目管理体系文件”，着重在具有一定优势的项目建设实施阶段进行深化和细化，比如报建报批阶段、施工阶段等，同时力所能及的延伸服务，拓展工作范围和内容，进一步明确了公司全过程工程咨询业务的发展方向与工作模式，为公司全过程工程咨询服务的开展提供了理论依据。

同时，借助陕西省开展全过程工程咨询试点契机，依托公司丰富的技术储备，参与了《陕西省全过程工程咨询实施导则（试行）》等文件编制工作，为公司未来实现全过程工程咨询服务企业的转型升级奠定基础。高新监理对于全过程工程咨询服务技术标准的探索与储备，也获得了协会与同行的肯定，2018 年 10 月有幸荣获陕西省全过程工程咨询试点单位。同年 11 月在陕西省监理协会组织下，负责起草“陕西省全过程工程咨询服务导则”等文件，并结合试点项目的具体实施过程和“服务导则”中针对项目管理服务内容的界定，编制形成“企业建设项目管理服务工作标准”，为公司全过程工程咨询服务的开展提供技术支撑和品质保障。

（三）创新服务模式研发，实现服务主体多元化

2017 年以来，国家鼓励监理企业在为建设单位做好委托服务的同时，进一步拓展服务主体范围，积极为市场各方主体提供专业化服务。高新监理积极响应政策号召，主动作为，通过政府政策信息以及现场走访调研等形式，了解政府需求，针对质监站、安监局、房地产等政府及社会机构分别研发制定针对性的咨询服务实施方案，形成了具有高新监理特点的“安全生产监督管理工作实施方案”“第三方咨询服务实施方案”“市政工程安全监督管理体系”等评估服务方案，为企业在该业务领域的发展提供充足的技术储备。

2018 年来，积极尝试参与政府第三方质量、安全咨询服务竞争，顺利中标西安城棚改办第三方安全咨询服务、西安曲江新区基层安全生产网格化监督管理托管服务等项目，为公司第三方安全咨询服务业务市场的开拓奠定了坚实基础。通过项目的顺利实施，公司标准化的管理理念以及充实的技术储备，赢得了政府主管部门的多次肯定，也充分鼓舞了公司在这一领域的发展信心。

（四）新技术研究应用，形成具有企业特色的服务价值

1. 持续深入开展 BIM 技术的研发和应用，发挥 BIM 技术的实战应用价值。

BIM 技术作为建设行业一项重要技术工具，越来越受到监理企业的重视。高新监理也先后在西安梁家滩国际学校、交大创新港三标段、西安环球中心一期等项目中开展了监理 BIM 应用管理工作，不断积累 BIM 在监理工作中的应用经验。通过 3 年多的研究与实践，总结了《监理 BIM 技术应用管理工作手册》，从项目 BIM 技术管理工作制度、组织架构、岗位职责、工作流程、策划应用管理等工作标准进行了初步界定，为企业监理 BIM 技术应用管理提供支撑，为后续 BIM 技术咨询服务提供了理论基础。

2. 借助项目 BIM 技术管理工作开展，培养了一批 BIM 技术应用管理的技术骨干员工，成立公司 BIM 技术工作小组，为后续业务应用奠定基础。结合试点项目进展，全面开展 BIM 技术模型创

建与实践应用工作，充分发挥监理技术服务特色，随着项目进展，逐渐深入项目BIM技术应用，取得了一定的成效。

此外通过举办公司内部BIM工程师培训班，固化企业BIM技术培训模式，引入课时制管理，在企业内部形成良好的学习氛围，持续提升员工的BIM技术实战能力，一支具备BIM建模、咨询及管理能力的监理团队正在不断壮大，为企业后续监理工作中BIM技术咨询的特色服务打下坚实基础。

（五）课题研究，不断改进服务工作方法

公司始终以技能提升促进服务品质升级为技术研发管理目标，在夯实员工质量安全基础技术素质的同时，通过技术方法创新研究，提升监理服务品质。针对项目管理方法，BIM技术、综合管廊、装配式建筑等新技术应用以及监理服务管控重点与难点等内容，开展学习小组或课题研究，促进科学理论方法的落地。技术引领服务的工作理念，始终作为公司技术研发的工作重点，持之以恒。多年来，“装配式混凝土建筑作业指导书”“项目进度控制作业指导书”“常见工序工程量计算范例”“桥梁工程监理质量控制作业指导书”“项目管理成熟度模型”等课题研究成果，已经逐渐成了公司监理服务工作方法向科学化转变的有效途径。

三、技术研发的成果输出与应用的保障措施

要保障技术研发成果的有效输出和实践应用，企业应着力于以下四个方面的保障：

（一）人力资源相关制度保障是基础

在薪酬管理方面，公司积极建立适应企业未来发展的薪酬制度体系，对技术研发机构中具有高技术、新技术的专家等影响企业技术发展、业务转型的高级管理、技术人才，要采取政策倾斜，吸引人才、留住人才，为企业技术发展提供保障。人才培养方面，开展多层次、多学科、多形式、有针对性的管理和技术培训，建立大专院校人才输送通道，对技术研发、BIM技术等人才定向直接录用。同时建立健全企业专业技术能手的培养长效机制，建立营造员工积极学习新技术、新知识，深入钻研工程技术，熟练掌握信息化、先进检测仪器等应用技术，以及创新业务方式方法等方面的技术能力，以业务能手的培养和储备带动全员基础技术水平的提升。

（二）建立企业技术创新体系

公司积极创新服务模式，建立以经营市场开发为龙头，以技术研发为支撑，以机构建设、人力资源保障为基础的业务创新体系，在做大做强监理服务市场的基础上，不断开发、培养新的服务市场，扩大项目管理市场份额，开发多元化咨询业务，引领企业最终向综合性工程咨询企业迈进。同时，开展新技术、新领域技术学习应用，建立由技术研发部牵头，各相关单位、项目部积极参与的学习应用体系。要开拓思路，加强与大专院校、科研机构、相关设计单位技术合作，快出成果，早显成效。再者创新管理思路，要加强对外交流，借他山之石，琢己身之玉。通过与同行先进企业（行为龙头和有特色咨询企业）的交流学习，扩大视野，借鉴其先进经验和管理模式。

（三）发挥组织保障的关键作用

公司各级领导和相关部门对技术发展给予充分支持和鼓励。如信息化建设、标准化建设、知识管理、学习交流、课题研究等涉及范围广，参与部门及人员多，建设过程长，实施难度大。从公司层面统筹规划，系统安排，保证各项技术研发工作的推进。

（四）保障研发资金投入

学习交流、课题研究、新技术研发等所需硬件设施、图书资料、差旅费用都需要一定的资金投入。因此，在财务方面，公司设立技术研发专项资金，不断支持企业技术发展。

结语

技术研发工作，无论时间上的滞后性还是成果的产出率，都是一项具有巨大风险与未知的工作，对于监理企业尤为明显，企业的技术研发投入能够取得有效的研发成果，或者研发成果是否能够获得市场认可，都为企业技术研发工作投入决策带来了不确定性。但从国内大型监理企业的成长道路中不难发现，监理企业技术研发工作，对于增强企业核心竞争力、提升行业地位、推动企业可持续发展等方面都具有重要意义，希望西安高新建设监理有限责任公司在技术研发工作中的探索与实践，能够为监理企业技术研发工作提供借鉴，为推动监理企业良性发展贡献微薄力量。

参考文献

[1] 刘茂才. 监理企业技术管理的现状分析及建议[J]. 建设监理，2017.
[2] 黄翮，孙周辉. 初探监理企业核心技术建设[J]. 城市建设理论研究（电子版），2015，5（34）：996.
[3] 李妍. 研发投入的行业差异及影响因素分析[D]. 江西：华东交通大学，2015.
[4] 于江洋. 技术研发投入对企业价值的影响[D]. 山东：中国海洋大学，2013.
[5] 周俊. 技术创新能力对企业价值影响研究[J]. 农村经济与科技，2017.
[6] 严冰. 中国企业家精神呈现五大新特征[N]. 人民日报海外版，2019-04-02.

装配式建筑设备管线设计、施工、监理实施要点的研究

张莹
北京凯盛建材工程有限公司

摘　要：本文在当前装配式设计体系不完善、缺乏相关标准技术图集的现状下，结合“一带一路”老挝川圹项目的实际工作经验，对装配式建筑的给排水专业，电气专业预埋管线的设计、施工、监理等工作重点展开深入的研究。首次在装配式建筑领域中，提出依据设备预埋管径，改变轻质隔板横截面形状，进行等强度截面、等保温性能设计的新理念，此项技术荣获国家四项发明专利。解决了多年来装配式建筑无法在轻质隔板墙内竖向、横向预埋管线的技术难题。

关键词　装配式　设备管线　轻质隔板墙　等强度截面　等保温性能

一、装配式建筑的发展过程及展望

中共中央、国务院《关于进一步加强城市规划建设管理工作的若干意见》指出，要大力推广装配式建筑，减少建筑垃圾和扬尘污染，缩短建造工期，提升工程质量。要求“制定装配式建筑设计、施工和验收规范。完善部品部件标准，实现建筑部品部件工厂化生产。鼓励建筑企业装配式施工，现场装配。建设国家级装配式建筑生产基地。加大政策支持力度，力争在10年左右时间，使装配式建筑占新建建筑的比例达到30%”。2016年3月17日《国家十三五纲要》正式发布，“提高建筑水平，安全标准和工程质量，推广装配式建筑结构和钢结构”。由此装配式建筑被列为建筑业发展的方向。并作为结构转型，产业升级，绿色环保，节能减排的国家战略方针。

二、当前推广装配式建筑存在的难点和问题

当前装配式建筑在中国正处于起步阶段，严重缺乏国家层面的相关标准及施工图籍，主要存在以下难点和问题：

1. 传统的设计模型理念不能满足当前需要。

2. 关键构件集成连接点的构造组合、装配方式还不够成熟。

3. BIM信息技术应用还不够普遍，深度不够。

4. 产业化联盟建设还不够专业配套。

5. 施工队伍的整体水平还有待于提高。

三、装配式建筑预埋管线设计、施工、监理实施要点

（一）基本原则

1. 装配式给排水专业、电气专业设计应首先满足国家标准、行业标准及相关配套规范，并满足使用性能及安全性能。了解装配式建筑的构造、加工、施工等基本特性，明确具体项目中的各单体采用的装配式结构体系及预制构建的划分，充分掌握整体建筑构件的拆分、组合、装配，进一步深入了解构件的加工制作工艺以及施工工艺，制定技术先进，经济合理，安全可靠的预埋管线敷设的布局总体方案。

2. 装配式设备管线宜与室内装修一体化设计。充分考虑模块化、标准化、满足建筑物的使用功能。

3. 充分考虑建筑结构，合理分配设

备管线路由走向，竖向主管线充分利用机房、管道井和电井空间。其他竖向支管线设计原则是在满足后期使用功能的前提下，尽量避开剪力墙，使构件的加工、施工更加方便，减少预制构件的预埋件和预埋孔，简化节点，避免预制板的规格过多及造价过高，使其尽量敷设在装饰墙体内。水平顶面设备管线敷设方式应结合精装修图纸，尽量明装或尽可能安装在吊顶内，水平地面的电气管线应敷设在叠合板的现浇层内，给排水的地面管线应在垫层内，各种管线应尽量减少交叉，尤其是三层交叉，应精确安装位置。

4. 施工单位应结合设计文件、具体区域的预制墙体、叠合板的构造进行图纸深化并编制预制构件的深化图纸，绘制节点大样图，深化图纸主要包括预制构件上给排水专业、电气专业需预留预埋的孔洞、套管以及预埋件等，节点大样图应标明具体管线的路由排布、位置尺寸、管径规格、敷设方式、施工顺序、操作步骤，最终编制成可行的实施方案报设计、监理审批。

5. 监理单位应严格按照设计文件，根据国家法律、法规、标准、规范对施工方案进行审查批复，严格对预制构件的质量进行验收。做好施工组织流程，保证各道工序的质量。按照全过程管理理念，尤其是对设备预埋管线的精准定位进行复测。对施工单位难于控制质量的环节提出改进措施，并要求设计时考虑施工便利、容错措施及补偿环节，以便提高施工效率及建筑质量，缩短工期。

（二）装配式建筑的特点

1. 装配式建筑可分为框架式和剪力墙式。施工材料大量采用预制梁、板、柱、墙、叠合板等预制构件。在施工过程中，对构件进行装配与连接，对关键框架梁柱节点和楼板叠合，进行现场浇筑，构成了装配式建筑施工的两大特点。由于大量使用标准化、系列化和通用化特征的构件，从而取代了原有大量的现场浇筑、二次墙体砌筑工作，使得工厂加工预制构件与施工现场分离，减少施工过程的环境污染。

2. 叠合板是装配式建筑里的一个新概念，是结合传统的现浇板和预制板两者的优点复合而成。首先由预制构件厂加工成型的薄板运抵现场，进行初装配，一方面减少现场的浇筑量，另一方面取消了现场的模板支撑体系，提高了工作效率，在预制板的基础同时又保留一定高度的现浇层用来现场预埋设备管线的空间，更重要的是还能提高复合后的楼板整体稳定性和抗震性能。见图 1 所示。

（三）设备管线敷设方式

1. 室外主管线的敷设方式

装配式住宅的给排水立管、电气竖向电缆应设在独立的管道井、电井内及设备机房内。

2. 室内主管线的敷设方式

1）电气专业的配电箱应合理确定位置，尽量避免放置在预制墙体上，同时避免或减少在常规分户墙两侧对应布置。必要时应由建筑专业复核是否满足结构强度、隔声效果及防火要求。

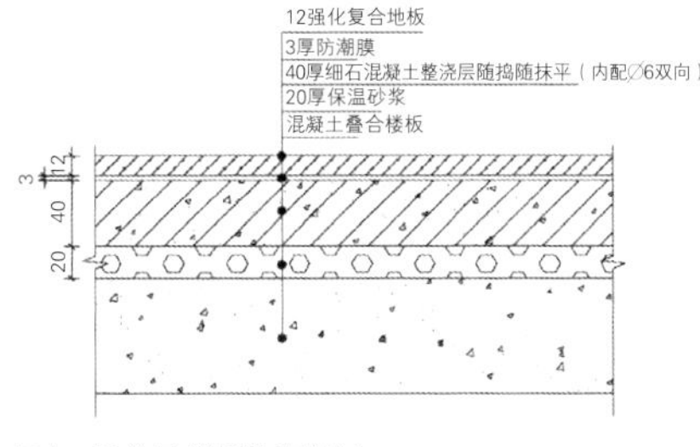

图1　叠合层楼板地面做法

2）室内电气主管线的水平进出数量较多，管径相对较大，应采取如下方式解决：

（1）设法分流该处管线，合理布局。

（2）减少预制叠合板及建筑面层高度，提高叠合板上层的浇筑层高度。

（3）局部采用传统的全部现浇楼板。

（4）预埋最大管径不宜超过浇筑层厚度的 $^1/_3$。

电气管线预埋后保护层的厚度不应小于 15mm，消防配电管保护层厚度不应小于 30mm。

3）室内给排水主管线一般采用明管敷设或降板结构，排水管道采用同层排水方式，卫生间应有可靠的防渗漏体系，宜做两层防水。

3. 室内支管的敷设方式

室内支管的水平敷设应尽量在吊顶、叠合层的现浇层、垫层内。结合上述设计原则，一般没有太大问题。如果在预制叠合层的预制板内预埋电气管线，虽然可在工厂预制加工，节约了现场敷设管线的工期，但由于管线的位置精度要求较高，增加了现场设备管线连接定位的难度，整体工期未得到改善。因此在实际工作中，一般采用在浇筑层内敷设管线。给排水专业的管线，根据目前现有规范不允许在浇筑层内敷设。目前存在的主要问题是墙体内竖向、横向支管的敷设问题。如在剪力墙结构中预制难度大，标准化差，生产成本高，在轻质墙板预制内敷设更是难于实现。通常轻质隔板墙截面内部是由多个排列均匀、间隔一定距离的空心孔状形式和填充一定厚度保温材料夹层形式，具有轻质、保温、隔声、防火、抗震等功效，是建筑业广泛使用的材料，标准规格有 90mm、120mm、140mm 等。但由于强度低，结构设计时未考虑有关预埋管线造成强度降低、保温功能下降问题。因此没有采取相应的补强、补保温措施，只是不允许在轻质墙板上开槽敷预埋设备管线。常规做法只能做成明管敷设，成为推动装配式建筑进程的主要难题，笔者依据多年来的实际工作经验结合装配式建筑特点，针对预埋管线特征，首次在新型建筑领域里提出在轻体质隔墙内进行预埋管线等强度截面、等保温性能设计理念，彻底解决无法在轻体隔墙设备预埋管线的难题。

1）轻质普通空心墙板等强度截面设计，见图 2 所示

（1）预埋管径设计

$H=d+B+B+d$

$H=d+(H-D)+d$

$D=2d$

$d=D/2$　同时可以表达 $d=(H-2B)/2$

在实际工作中 d 的取值远远小于 D。一般不会超过 DN25。

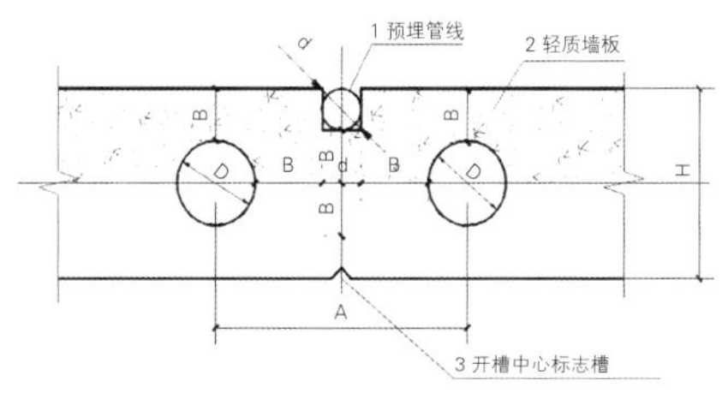

图2　轻质空心隔墙板等强度截面设计

（2）空心孔中心间距设计

$A=D/2+B+d+B+D/2$

$A=(2B+D)+d$

$A=H+d$

在实际工程中，当 $d \leqslant$ DN25，$A \geqslant H+d$ 时，预埋管线不但可以竖向开槽，还可以横向通长开槽，从而彻底解决轻质墙板设备管线预埋工作。

2）轻质保温墙板等保温性能设计，见图 3 所示

（1）加强点的高度设计

$h=d+B$

（2）加强点的宽度设计

$L=d+2B$

（3）预埋管中心间距设计

A=150~250mm

（4）保温隔热层厚度设计 B_1

保温隔热层厚度依据建筑物当地所处环境特点进行设计。

通常情况下，按照 d ≤ DN25 管径进行设计，管线中心间距按照 150~250mm 设计。完全满足现场的各类设备支管的预埋工作，同样可以满足横向通长开槽，但需要注意的轻质保温墙板不得双向对称开槽。一般情况下，此板用于外围护结构上，不存在双向对称开槽问题，当使用在其他必须双向对称布置场合时，可采取竖向错位，横向开槽追位的方式，满足上述要求。此种设计方法的轻质隔墙板，不但施工操作简单，而且不降低墙板强度，不影响保温效果，同时还会提高隔声效果。

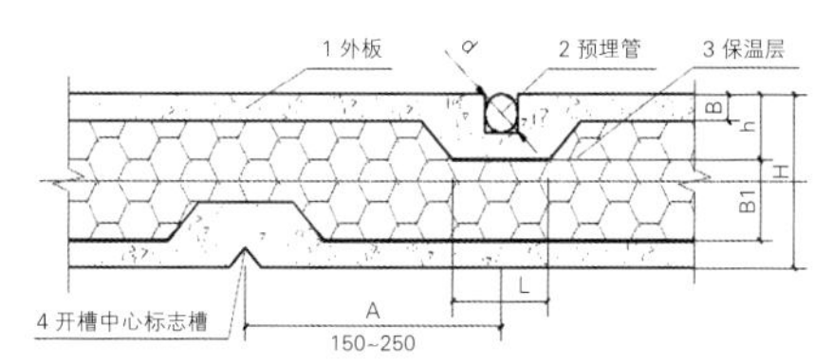

图3　保温墙板等保温性能设计

结语

装配式建筑技术的应用，在中国相关政策驱动下，相关配套产业、绿色建材风起云涌，但设计、施工、监理的相关标准规范体系还尚未完善成熟，推行建设工程总承包 EPC 模式迫在眉睫，加强各参与方、参建方在工程实践中积极探索及密切配合，特别是与构件厂商和施工企业之间沟通，以便系统设计更加科学、实效。改变原有单一专业独自设计的理念，建筑专业不但要考虑本身的强度，同时也要充分考虑相关专业的特点；相关专业同样在满足本专业功能的前提下，兼顾建筑专业的特点进行统筹综合设计，实现整体把控、精细设计，制定出科学合理、经济高效的设备管线敷设方式的技术文件，以便确保工程整体质量。

关于成品房精装设计思考

夏豪
晨越建设项目管理集团股份有限公司

根据建住房〔2002〕190号文件关于印发《商品住宅装修一次到位实施细则》的通知：直接向消费者提供全装修成品房，推行装修一次到位，逐步取消毛坯房。商品住宅装修一次到位所指商品住宅为新建城镇商品住宅中的集合式住宅。装修一次到位是指房屋交钥匙前，所有功能空间的固定面全部铺装或粉刷完成，厨房和卫生间的基本设备全部安装完成，简称全装修住宅。

从2017年10月11日起，成都市将成品住宅建设要求纳入土地出让建设条件。根据《成都市人民政府办公厅关于进一步加快推进我市成品住宅发展的实施意见》(成办发〔2017〕36号)：成品住宅是指在房屋竣工验收前所有功能空间的固定面铺装或涂饰完成，套内管线及开关插座、厨房和卫生间设备全部安装到位，基本达到入住条件的住宅。

从以上两个文件可以看出，全装修住宅即为成品住宅，它没有要求，也不是如消费者购买毛坯房后进行二次装饰装修中的"精装修"，而成品住宅仅仅是"设施到位""基本达到入住条件"。推行的成品房常被误称之为"精装修房"，其实两者之间是有本质的区别。成品住宅如同市场上其他商品一样，不意味着市场上有多少个消费者就得有多少种样式，也并不是按照消费者自己设想的材料、颜色、装饰风格进行设计施工。因此，成品住宅作为一种商品，尽管说是一种非常重要的特殊商品，但对"个性化需求"问题，消费者在购买成品住宅后，进行精装修才是享受居家的前提。

精装修应是美学设计加上以人为本的理念驱动，形成的设计产品。精装可分硬装和软装，软装是相对于建筑本身的硬结构空间提出，是建筑视觉空间的延伸和发展。下面分享精装设计中硬装功能设计的一些细节和软装应关注几点，以便满足消费者的"个性化需求"。

生活中当消费者手提大小包不方便开门时，如有了入户挂钩，就可以用来挂购物袋等，方便他们入户时掏钥匙开门。入户挂钩是很多消费者在生活中都需要，但装饰设计中又忽略和缺失的一个细节。当然，这个功能区属于公共区装饰范围，开发商已配置更好，如果没有，施工不影响结构，物业不反对时，考虑安装一个不是坏事。应当注意的是挂钩在不用时可收回或凹陷于墙壁内，以降低被挂钩误伤的可能性。

门厅区是室内外过度的区域，进出住宅的必经之处，也是室内设计的开始，也有斗室、过厅的叫法，往往是精装设计中的重点和亮点之一。成品住宅配置的柜体可能无法满足消费者的需要，因为除了简单的换鞋、更衣外，不影响装饰效果的情况下，还需有以下几种物品收纳的储物空间。

具备雨具、灭火器、行李箱柜、烫衣板的收纳柜功能，其中雨具和灭火器收纳的最佳位置就在这里。据一调查数据显示：有43.7%的人认为，家中最难收纳的家用物品是行李箱，而名列第二的则是烫衣板。在门厅柜(或其他)的部位设计行李箱、烫衣板收纳功能，方便收纳又规整了空间，在家庭旅游出行成为一种时尚的今天，满足一个大型行李箱收纳需求相当的必要。

为什么要灭火器的收纳位呢？家庭火灾的死亡率远远高于其他场所的火灾。据公安部的统计数据，2016年上半年全国共接报火灾17.2万起，死亡911人，其中住宅火灾共接报15.98万起，死亡达到895人，伤亡比重最大。而家庭火灾隐患的两大主要源头来自于电器火灾和厨房用火，着火后的3分钟内进行扑救是控制火情的最佳时间，第一时间发现与扑救相当的关键！要扑灭上述两种火情显然用水解决是不科学的，既要简化动线，又要便于隐藏且方便拿取，门厅是理想的位置。家庭消防安全，灭火器家庭必备！

结合使用方便度和美观舒适度，在空间利用上，不忽略这些空间功能设置才是彰显人性化的设计。

在厨房这板块，每个厨房都会有不同程度的使用黑区占用了角落的空间，使空间白白浪费掉。根据成品住宅的定义，厨房的配套设施多为“低配版”，要求高的消费者或许倾向于改动。在选定品质的条件下，建议除根据中国人体工学原理进行设计外，将里面黑区空间充分利用，尤其是“L”形的橱柜。通过如采用转角拉篮可收纳平时家中的各种锅、榨汁机、豆浆机等小电器等。

卫生间板块，尤其年轻家庭是需要放婴幼儿的浴盆、水桶、小板凳等物件，但此类用具储存不便。采用悬挂式柜体，使柜体下面能腾出 30~40cm 的空间，可以满足收纳需求，既增加收纳空间又能使浴室整洁干净。应当注意的是柜体下方预留的污水管道尽量靠墙设置，避免对收纳空间的阻挡。靠马桶处增设小型收纳格，用耐腐蚀材质为佳。可以放手机、厕纸等，没厕纸事小，没手机事大！

生活阳台板块，要考虑到有些衬衫之类需要手洗，所有的家务劳动必需品收纳，简化动线，提高家务的效率。因此，洗衣台和收纳区必不可少（视户型而定，没有生活阳台只能另寻出路）。

如果说硬装是一架钢琴，那么软装就是动听的曲调！在成品住宅业主收房后，因自身的差异，DIY 的结果导致居家效果的品质高低不一。软装的“软”可以从两个层面来理解：首先是装饰物品，如窗帘、地毯、床上用品、摆件陈设之类，是可以移动的。就这一点来讲，软装很容易，就是填充、配置而已；其次是意境和美学层面，这点只能意会不能言明了，它没有固定的模式，有的只是方向。

软装对室内空间设计起到了烘托气氛、创造环境意境、丰富空间层次、强化室内环境风格、调节环境色彩等作用，毋庸置疑地成了室内设计过程中营造居家氛围的点睛之笔。重新组合，形成一道新的“风景”，更能体现主人的品位。它打破了固有界限，给人以新鲜的感觉。它具有较强的视觉感知度，因此对于家居环境的气氛营造，具有巨大的作用。配饰品的合理选择和陈列，对于家居空间风格的形成具有非常积极的影响。

了解软装所指为之后，室内软装 DIY 时有以下几点值得关注：

在美学中，最经典的比例分配莫过于黄金分割了。如果没有特别的偏好，不妨就用 1：0.618 的完美比例来规划居室空间。例如不要将摆件放在窗台正中央，偏左或者偏右放置会使视觉效果活跃很多。但若整个软装布置采用的是同一种比例，也要有所变化才好，这一点在软装中的运用得到普遍认同。

主角与配角的选择确定，其他的布置也就顺理成章。确认主角是软装布置中需要考虑的基本因素之一。视觉中心是极其重要的，人的注意范围一定要有一个中心点，也就是所谓的亮点。这样才能造成主次分明的层次美感，这个视觉中心就是布置上的重点。如家中的电视墙，一般都是客厅视觉焦点，这也是许多人为了展示自己的独到品味，脑洞大开的原因。

稳重与轻巧搭配的时候要注意色彩的轻重结合。家具饰物的形状大小分配协调和整体布局合理完善，明快的色彩和纤巧的装饰，追求轻盈纤细的秀美。例如，在选择客厅色彩时，要首先确定主色调是什么。由于个人的性格、阅历和职业的不同，客厅的色彩设计应以个人的喜好和兴趣为主，自己不喜欢的颜色，设计得再合理，搭配得再得当，也难以称心如意。客厅的沙发颜色是客厅的主色调，要根据墙面、地板和窗帘三个大面积的色块颜色而定，同时要遵守不能让整个客厅颜色超过三种，且墙浅、地中、家具深的配色原则。

色彩、风格、形态的统一和对比是总的法则，对比是在统一的基础上进行。如色彩的统一要求住宅空间色彩有统一的趋向，按照 2：8 定律尽可能让 80% 的色彩是同类色，形成一种色调关系，以明度变化把握色彩，避免缺少生机；20% 的对比色起点缀作用，因此，对比色的纯度不能高，要降低使用。

风格就是住宅的性格特征，尽可能地做到“感觉”上的统一，不是没有混搭的风格，但混搭风格难度很高。形态统一（图形、外形），整个空间更容易产生共鸣，但材质一定要注意，就像华丽的绸缎与品质较次的麻布在一起是格格不入。非要把对比强烈的放在一起，注意主次，点缀即可。

软装与硬装构成一个整体，营造出自然和谐的氛围，加上人文方面细节的点缀，将进一步提升居住环境的品位，享受居家。

大型商业综合体项目监理体会

张立新 1.湖南长顺项目管理有限公司
申炳昕 2.湖南商学院

一、工程概况

长沙开福万达广场是长沙主城区地标性建筑群，位于长沙开福区，东至福庆街、西长街，西至湘江路，南至五一路，北至潮宗街。项目由A、B、C三个地块组成，用地约12.2万平方米，总建筑面积101万平方米，其中地上约80万平方米，地下约21万平方米。地下3层，地上由10栋高度138~200m的超高层和1栋11层的多层建筑组成。业态有精装豪宅（A区）、超五星酒店、商业中心及写字楼（B区）、五A写字楼（C区）。A、B区地下室连通，C区与A、B区被中山路隔断，独立地下室。

二、工程监理难点

（一）工程规模大，建设工期紧

项目2010年5月动工，按建设方开发计划，2013年12月全部竣工开业。后因B区大商业升级改造、C区受地下文物考古影响，实际竣工开业时间为：超五星酒店和商业金街2012年9月；B区写字楼2013年6月；B区大商业2013年9月；精装豪宅2013年11月；五A写字楼2014年11月。

如此大规模、工期紧的超高层综合体，施工过程中需投入大量人力、设备、材料，分包单位多、作业工种多，工程组织和协调难度非常大。

（二）地质条件特殊，地理位置复杂

项目紧邻湘江，基坑深度13m，地下室穿过老河床沙砾层，基坑大多是春夏多雨季节施工，基坑支护止水、降水措施要求高，地下室结构防水等工序施工难度大。

项目地处老城区，周边道路均为车流、人流量很大的城市主干道；东侧紧邻繁华的水产批发市场、老城居民聚居区。如此环境导致三个方面难题：一是场地狭窄，临时施工场地布置、场内施工通道设置困难；二是材料进出交通不便，上下班高峰需错峰安排；三是基坑土方开挖要配合文物部门考古工作，C区地下室施工节奏被古城墙打乱，施工组织和计划需根据考古现场实际情况适时调整。

（三）建设方管理模式独特，管理风格强硬

万达集团有一整套成熟的、具有自身特色的工程管理模式，计划控制时间节点严肃性强，质量、安全管理制度齐全，考核措施强硬。工程管理过程中，监理方需制定有效措施、采取可靠手段，确保工程质量、施工安全前提下，实现进度目标。

三、项目监理工作方案

（一）完善团队建设，规范内部管理

“打铁还需自身硬”，人员充足、高素质、规范化的监理队伍，是保障项目监理工作有效开展的必要条件。按照监理合同和业主要求，在工程不同阶段，监理人数高峰期达40人，平时保持在30人左右，总监必须思考如何合理安排人员岗位、充分发挥团队作用，使得监理部这台机器健康、高效运转，实现各项监理工作目标，提供让业主满意的监理服务。主要有以下措施：

1.制度约束，凝聚团队力量

管理团队需要严明的制度，规模越大，制度化管理越重要。要落实监理行业、监理公司各项规章制度，还要根据实际情况，制定适应本项目的细化制度，包括工作、生活、学习等各个方面，如监理内部考核管理办法、考勤与休假制度、监理文件资料管理制度、对外联系及行文审批制度、办公生活场地卫生管理制度和消防安全制度、廉政制度、内部会议培训学习制度等。以上制度均形成书面文件，张贴上墙。

制定制度容易，执行制度难，要让一个年龄跨度大、业务水平参差不齐的监理团队步调一致、分工合作、形成较强的凝聚力，需从以下几方面入手：

1）总监的榜样带头作用

这是项目团队建设的关键。作为总监，要有较高的工程技术水平和管理能力，还要自觉遵守各项规章制度、发挥带头表率作用。项目规模大、工期紧，每日需处理的施工技术事项、现场协调、工程合同资料等工作相当繁重；工作会议多，加班加点、节假日无休是常态。总监应身先士卒，以团队核心的身份，带领、激励团队主动工作；看图纸、学规范、巡场、主持（参加）会议要坚持亲力亲为。

2）激励先进，后勤保障

公平公正的激励制度、完善的后勤保障是增强团队凝聚力、提高团队积极性的重要手段。实施绩效考核，考核结果作为工资待遇晋升依据；在行业及公司举办的评优、年终评奖等活动中，鼓励先进，公平推优；鼓励员工参加培训、考证，拓展员工职业规划。项目夜间、节假日加班频繁，应在公司制度允许的范围内，合理申报加班费，以资鼓励。后勤保障工作要到位，宿舍、食堂要满足工作、生活需要，如有人参加会议误餐，要视情况等待或留餐，通宵值班要安排消夜等。

3）调整、淘汰不称职人员

定期总结工作，召开内部会议，对监理人员工作效果、工作态度进行点评。表现好的就表扬，违反制度的就批评指正；意见要合理，依据要充分，对错要分明，确保褒贬得当，以理服人。对少数工作态度差、业务能力不称职和对团队有负面影响的人，要采取调整工作岗位、调离项目部、开除等手段进行处理，树立制度威信。

2. 合理的岗位分工

项目规模大，片区功能各异、塔楼数量多，监理部人员的分工组合是必不可少的。总监要根据各人的特点，在工作安排、人员组合方面除了满足现场需要，尽可能考虑人员相互之间的配合意愿，做到科学安排，发挥 1+1>2 的团队效应。在三大区各设立骨干负责人；年龄大且工作经验丰富的搭配同专业年轻人，有共事经历、相处融洽的可以分在同区上岗；合理分工，相互配合，打造一支内部气氛融洽，对外专业精干的监理队伍。

3. 注重项目部形象建设

规范、标准、整洁的办公生活场所，对内有利于工作条理有序、员工身心健康、凝聚团队精神，对外可以树立监理形象、赢得同行尊敬，是监理部团队建设的重要工作。形象建设重点做到：招牌位置合理、醒目，门牌标识清晰；办公室桌椅摆放整齐，桌面文件资料整洁，墙面张贴图纸、标语、制度牌匾分区合理、美观有序；门、窗、地面保持干净；资料室强调电器设备摆放位置合理、操作安全，资料柜（架）标识清晰，资料盒分区整齐、标识统一；员工宿舍、食堂应有相应制度，家具布置整齐美观，保持整洁。

4. 组织健康的集体活动

工作之余，适时组织积极健康的集体活动，增强团队沟通，缓解工作压力。活动可以因地制宜，内容符合大部分人兴趣爱好。

（二）专业、负责、科学的工作方法

1. 以专业对待质量

质量管理，认真负责是必要条件，但不是决定因素，“专业”才能出效果。监理部各专业人员，要有与工作岗位匹配的专业技能。从开工前期图纸审核、理解设计意图，制定监理质量管理细则，审核承包方专项施工方案；到过程质量重点部位监管，处理存在的质量问题，都需要专业的技术水平和管理措施。对于技术难度大的环节，需请公司总工办支持、把关。

万达集团质检部有成熟的管理模式和严格的考核标准，每月组织项目检查，对监理单位、承包单位进行考核。检查组有专业、敬业的专家级人员，对工程责任主体管理水平判别、质量控制重点理解、技术措施方案选择等方面有独到的见解，对质量问题处理有严格的标准及要求。每次检查都会形成图文并茂的书面检查记录，对亮点和问题进行点评。监理部人员全程跟随，详细记录，事后组织内部会议消化；针对需要整改的内容，安排专人负责跟踪，按要求复查、回复。在工作实践中不断提高专业技能和管理水平。

不断学习新技术，提高专业素养。项目五方责任主体大力推行《建筑业 10 项新技术》，成功实施了 10 大项中 18 个小项新技术应用，在基坑支护封闭降水、混凝土裂缝防治、聚氨酯防水涂料施工、钢与混凝土组合技术等方面，取得了较好的质量效果和经济效益。通过新技术应用，项目获评“省级新技术应用示范工程”。

2. 以责任对待安全

安全管理工作是贯穿整个工程实施过程的重中之重。特殊的地质条件和地理位置，超高层，规模大和工期紧，无一不是摆在安全管理者面前的难题，需要有健全的安全组织机构和管理者强烈的责任心。

监理部设立专职安全监理，总监将安全工作作为日常重点工作之一，倡导全员参与安全管理。督促参建各方成立健全的安全组织机构，牢牢树立“安全第一”思想。严格按住建部《危险性较

办公室形象建设

大的分部分项工程安全管理办法》的规定，对重大危险源从方案编制审核、专家论证、验收备案、实施过程巡查等环节进行管理。同样，万达集团也把“安全”作为检查考核重点内容，为项目生产安全提供多重保障。

监理部在安全生产、文明施工管理方面，需要的就是“强烈的责任心”。日常工作中做到腿勤、口勤、手勤，发现隐患及时纠正，要求责任单位整改；发挥制度作用，对违章行为按制度进行处罚。以每日巡检、定期检查、各种工程会议作为安全管理手段，借助政府主管部门、上级主管单位安全检查、专项整治活动，针对性治理安全问题，消除隐患。

3. 以计划对待进度

项目业主有严肃的进度节点控制目标，工程完成时间必须是业主给定的控制点（除非是不可抗力因素，如C区考古），所有工作都是按控制点时间倒排计划，工作内容以点为单位逐条列入计划，包括未完工作、质量问题、安全问题、交叉配合事宜等，视现场情况随时更新、增减内容。在万达，这种计划有个专用名叫作“销项计划”，设有专门的管理部门负责制定、发布重要控制时间节点，考核参建单位计划执行结果。应对销项计划工作，监理部需要有强大的执行力。每到一个交楼入伙节点，都会有长达半年的攻坚战，整个施工现场长期保持热火朝天的紧张工作气氛，每天晚上召开会议梳理销项计划；一个验收节点的销项计划，内容常常多达几千条，分布于项目各个专业、各个角落，监理人员每天按照计划逐条现场核对，未按时完成的需找出原因，新发现问题需增加到计划内，在当天的会议上汇报。

事实证明，由业主主导，监理督办，各方配合的销项计划工作方式，辅助奖罚措施，具有较好的进度控制效果，已受到同行推崇。

4. 以服务对待业主

监理应主动做好业主的管理代言人，在监理合同职责范围内，发挥监理作用，在工程建设质量、生产安全、变更签证、工期控制、现场协调、资料合同管理等方面为业主分担压力。工作中主动学习、适应业主管理模式，紧跟项目开发节奏。针对重要完工节点，总监牵头集中骨干力量重点突破。星级酒店和商业中心建设标准高、涉及范围广，包括商场、超市、影院、金街、量贩KTV等，是开门红第一炮，关系到项目形象；精装豪宅4栋共868户，需面对社会各界小业主，关系到项目社会声誉。监理部以严谨的作风、专业的管理、过硬的执行力，为项目的顺利推进交上满意的答卷。2012、2013年度在酒店、商业中心开业，豪宅入伙攻坚战中表现突出，分别获业主书面表扬。

（三）监理内业、工程资料管理

1. 专业高效的监理内业工作

监理内业需做到专业、高效，编制及时。监理规划、细则需结合工程特点，分析难点，制定监理措施。工作周报、月报、总结内容要全面，分析要具体，对工程建设有指导作用。会议纪要及时编制、发放，以便会议议定事宜得到充分执行。监理工作函件行文规范，按要求复查封闭。

监理日记、旁站记录应内容真实，书写规范。要有专门的安全监理日记。所有现场监理人员都应填写工作日记，人员岗位调整需做好交接，保证内容连贯。总监应按规定对监理记录内容进行检查、签字，经常召开会议，组织学习监理日记填写要求，点评日记质量。

2. 规范标准的工程资料管理

工程资料纷繁复杂，必须由专职、专业的资料员管理。对建设单位和承包单位来往文件做到及时处理，按性质由总监或专业监理工程师签署合理意见，经总监审核合格后外发。登记台账、收发、归档必须规范、清晰、及时；资料室文件摆放整齐，分类标识，检索方便。

结语

经参建各方努力，长沙开福万达广场多个单体（专业）获得省部级优质工程奖；C区获2018年度“中建杯”优质工程金奖，并申报“国家优质工程奖”，2018年8月2日已通过专家组复查评审。

大型商业综合体项目各有特点，不同的建设方管理模式也有差别。作为监理人，只要具备学习能力，不断提升自身素质，熟悉工程标准规范，熟练掌握监理工作方法，公正执业，态度热情，相信就能胜任本专业内各种类型的项目管理工作。

参考文献

[1]]住房和城乡建设部．建筑业10项新技术（2017版）．北京：中国建筑工业出版社，2017.

[2] GB/T 50319—2013 建设工程监理规范[S]. 北京：中国建筑工业出版社，2014.

创优工程的监理体会

王振君
北京建工京精大房工程建设监理公司

摘　要：本文作者通过总结分析在重大工程项目——北京雁栖湖国际会展中心担任总监理工程师时所积累的先进理念与管理经验，对工作中的得失进行深刻剖析，提出问题与思考，为今后打造更多优秀工程提供借鉴与参考。

关键词　创优　管理　验收

北京雁栖湖国际会展中心工程位于北京市怀柔区雁栖镇范崎路东侧，占地面积 10.8hm^2，总建筑面积 78000m^2，建筑总高度 31.9m，地上 5 层，地下 2 层。基础形式为梁筏基础，5.1m 以上大跨度楼盖，屋盖主要采用钢结构框架，5.1m 以下为钢骨混凝土框架，主会场屋盖大跨度区域采用空间钢桁架结构。本工程由北京北控雁栖湖国际会展有限公司投资建设，北京市建筑设计研究院有限公司负责设计，北京市勘察设计研究院有限公司承担勘察任务，北京市怀柔区建设工程质量监督站监督，北京建工集团有限责任公司作为施工总承包单位，北京建工京精大房工程建设监理公司监理的一项工程。

本项目位于“雁栖湖•国际会都”——生态发展示范区内，示范区作为 2014 年 APEC 会议及 2017 年“一带一路”的举办地，再加之本工程是 APEC 会议建筑群入口处的第一个标志性建筑，政治意义重大；这就要求本工程有较高的质量水平，建设单位在开工伊始就确定“确保北京市竣工长城杯，争创鲁班奖”的质量目标。为了实现建设单位的质量目标，项目监理部在整个工程建设中发挥了积极的作用。

一、进行工程创优的监理策划，制定工程评优验收标准

（一）为了实现工程评优的质量目标，监理部认真编写了“监理规划”和 14 份专业“监理实施细则”以及 7 份通用“监理细则”，对控制的依据、检查内容、方法和数量都有针对性的规定，力图通过监理人员的监督检查，使结构的安全性、使用功能等内在质量和外表实物的观感质量都处于受控之中。

（二）项目监理部的工作思路是优质工程应立足于“创”。因此，首先要检查总包单位的施工现场保证条件，要组建创优领导班子，有健全的管理体系，管理机制有较强的质量保证能力。每个分包单位进场，总监都进行创优交底，把创优目标、要求讲清讲透，使创优活动成为全体参建人员的共识，营造浓厚的质量创优氛围，使质量创优基础不断得以夯实。

（三）鉴于总承包单位为北京建工集团有限责任公司，这是一家有丰富创优经验的单位，所以在创优过程中采用总包建议执行建工集团编制的《精品工程实施指南》，保证了施工质量一次成优。

二、加强质量事前预控，精心做好开工前的准备

（一）积极参与设计图纸会审和设计交底工作。开工前，各专业监理工程师对设计图纸和设计说明进行查对、审核，对图纸表述不详、错漏碰缺、会签不细而出现的矛盾等逐一列出，汇总提出问题，提交设计院在交底时答疑并作相应修改。对设计院的答复，监理人员认真进行梳理，不是照单全收，而是积极表明自己的观点。如施工单位为了抢工提出隔墙抹灰不到顶的要求，设计单位考虑到这项不影响使用功能，还可降低部分造价，设计院答复可以。监理人员提出，创国家级优质工程奖的项目是优中选优，故在一些施工节点上有更高的要求，抹灰到顶也是创优工程的通常做法，本工程为原型内隔墙，都是曲面，这样隔墙与楼层板交界处茬砖做法较多，抹灰到顶可以弥补过程中的一些缺陷，效果也更好，此外施工进度可以从管线施工提前插入等措施加以克服的。交底会上采纳了监理意见。

（二）认真对施工组织设计和专项施工方案进行审核把关。监理人员在充分了解承包合同和设计文件的基础上，就施工组织设计的技术可行性、方案合理性和质量创优保证措施的针对性进行全面审查，着重审核其质量保证体系是否健全，创优措施是否具体可行，提出了多条书面审核意见，在收到施工单位修改补充重报资料后，总监签字批复。

（三）对技术性较强的施工方案，专业监理人员和施工单位编制人一起讨论，共同完善方案。本工程屋顶结构为圆形，跨度为 84m，总重 3539t，采用下部钢桁架、上部混凝土结构的大跨度钢桁架—混凝土重屋盖体系。按照通常的做法，这种屋面系统可以采用钢桁架提升到位后，在屋面浇筑混凝土，这种施工方法存在高空作业多，工期长的缺点，在工期紧、工程量大、质量要求高的客观情况下，总包单位创新性的提出采用中心钢桁架—混凝土重屋盖体系整体提升技术。在提升方案的确认，检测保证措施的选点、数据采集，应急方案确认等，监理单位会同业主、设计单位以开专题会、专家论证会的形式，开展广泛的意见征集和方案优化，最终整体提升技术及相关的观测技术使本项目成功实施。“钢桁架支撑的混凝土重屋盖体系整体提升技术”所形成的研究报告“钢桁架支撑的混凝土重屋盖体系整体提升综合技术研究报告”完成由北京市建委组织的专家技术鉴定，鉴定结果为达到国际先进水平。2015 年 10 月获得中国钢结构协会科学技术二等奖，基于此技术还申请了多项国家发明专利。

三、监理人员全天候上岗到位，强化工程施工过程中的质量控制现场监理人员，每天保证 10 人出勤，只要有施工作业，不管白天黑夜，都有监理人员在场，做到了每道工序的施工过程都在监理人员的掌握控制之中

（一）对工程使用的建筑材料严格把关，每批材料进场，都认真进行检查，核对质保资料与实物的符合性，核对质保资料的有效性，检查实物的外观质量，一共清退了多批不符合质量要求的材料。

（二）在模板施工过程中，技术复核抽检率达 80% 以上（柱模板垂直度 100% 检查），超出或接近规范允差范围的坚决要求返工。要求施工单位模板重复利用不得超过 4 次，减少模板的镶拼，在模板拼缝处用泡沫塑料纸粘贴，并严格控制拆模时间，柱模板在混凝土浇筑 2 天以后，梁板模板在混凝土强度达设计强度 100%，才批准拆模，不仅保证了结构的安全性，同时也杜绝了拆模引起的混凝土脱棱掉角和表层脱皮，保证了现浇结构尺寸偏差均在 2～3mm 以内。

（三）在混凝土工程施工中，由于模板加工产生的木屑进入梁底，极难清除，影响结构观感质量，监理人员提出妥善清除底模上的垃圾，并要求施工单位购买吸尘器清除死角部位的木屑。结构拆模后，混凝土表面平整光滑，未发现任何一处夹渣现象。下沉庭院斜墙混凝土施工是混凝土施工中的重点，斜墙为单层支模厚度 1m，斜墙高 12m，呈 45° 斜角并呈圆形向上方发散状。监理部事先编写了旁站监理指导书，对模板的支撑、浇捣的准备工作、浇捣顺序、振捣、测温及养护提出了具体要求，浇捣前召开专题会议检查施工准备工作，连续施工的过程中，监理人员每班 2 人连续跟班旁站监理。由于施工预案中根除了产生裂缝的条件，在施工单位精心组织下，浇捣质量得到了保证。

（四）装饰装修是监理的又一难点。工程是集会议、展览、餐饮、酒店、综合配套服务于一体的综合型会展场馆。主要功能包括可分隔式 5500m^2 无柱大会议厅、2000m^2 大宴会厅、2000m^2 多功能厅及 70 余个中小型会议室配备

了顶级视听设备，满足各种会展需求；$3000m^2$ 的后厨系统，能够提供融合了中西方文化的特色美食，可同时满足5000人的不同风格的餐饮需求；内设精品酒店分为高级间和套间，配套设施和服务一应俱全因此，饰面材料高档、种类繁多、价格昂贵、装饰考究。同时，因装修档次高，材料多，专业材料供应商达30多家，关系复杂。项目监理部为打造精品工程的质量目标作出了努力。

首先是把好装饰材料质量关。本工程高档装饰材料由建设单位指定品牌，供货商提供样板实物或样板图片，由建设单位、总包、监理单位共同确认后，项目监理部封样，保存在监理部现场办公室的样品架中。进货时，将实物与样品对照检查把关。

其次是施工控制线的核检。为了保证墙、地面装饰板材和卫生洁具对缝、居中，以及办公室、走廊平顶灯具、烟感、喷淋、风口的对称、居中、成排成线，监理会同建设单位、总包单位共同对分包单位的布局设计进行审查，统一意见，予以确认。施工放线后，监理人员对其平面定位和标高控制线进行严格量测检查，确保无误后才允许施工。

第三是施工过程的监理控制。对重复出现不合格项的部位，监理人员认真分析产生不合格项的原因，帮助施工单位进行改正。比如，监理检查干挂石材垂直度，屡屡发现电梯厅、门洞口边等部位垂直度偏差较大，经过分析认为，上述部位穿堂风大，吊线晃动大，导致施工控制失准。因此，要求施工单位改变垂直度控制的方法，从而克服了垂直度偏差大的缺陷，避免了返工问题。

（五）安装工程监理。监理工作中，除图纸审查、进场设备报验、施工工序控制、功能性试验等常规监理控制之外，侧重视觉效果和细部处理的检查控制。由于安装专业设计深度浅，特别是吊顶内管线走向需要重新统筹布置，作细化设计平剖面图，既要满足设坡管线的坡度要求，又不减低走廊、室内吊顶以下的净高。在管线集中的走廊，采用公共支架，做到强弱电统一，消防、喷淋管统一，排放合理，维修方便。通过施工单位的精心施工，整个安装过程，布局合理，作业精细。屋面设备机组，排放整齐有序；暖通管线，安装效果美观；地下室管线支架，安装整齐，成排成线；配电房内，标识清楚。所有管道、桥架等进出墙面、楼板处均用木圈装饰，管道连接处、转弯处节点处理仔细，视觉美观。主要管线走向都有文字标识和符号标识，所有支架外都倒圆角或做钝化处理。卫生间洁具安装居中，坐便器、小便斗、水龙头中心与瓷砖中缝对齐，地漏按规定坡度设置在地砖中心位置，美观匀称。

四、按照设计和规范要求，严把分项、分部工程和竣工验收关

（一）隐蔽工程验收。要求施工单位自检合格后，填写隐蔽工程验收记录，向监理报验，专业监理工程师对报验部位按照设计图纸和规范要求进行检查验收，符合要求则予以签认。

（二）分项、分部工程验收。分项工程按批量进行验收，每一检验批施工完成后，施工单位在自检合格的基础上，向监理报验。监理工程师根据监理员平时随班施工时所做的平行检测记录，并再次到现场查对，实测实量，对质量予以认可。验收记录上所填数据以实测实量为准，杜绝假数据，保持资料的真实性和可信度。

（三）竣工验收。竣工验收前，总监召开竣工初验的专题会议，作出竣工初验安排，成立初步验收组，对照验收规范并参照本工程评优标准，逐层、逐段进行全面检查，侧重对装修装饰工程外观、墙地面空鼓和安装工程的外观、细部处理进行检查量测，并做详细记录，经归纳汇总后发给验收组传阅讨论，确定整改项目、应达到的标准和完成的日期。初验检查记录作为施工单位整改和监理人员监控依据。

五、审核施工进度计划

认真审核年、月、周施工进度计划，对工程进度进行控制，项目监理部根据合同工期，编制总进度控制计划，审查施工单位编制的月计划、周计划，并在每周的监理例会上进行检查、协调。

项目监理部全体人员经过近两年的辛勤努力，在建设单位的大力支持和各参建单位的积极配合下，会展中心项目分别获得钢结构金奖；北京市结构、竣工长城杯金奖；中国钢结构协会科学技术奖；北京市建筑业新技术应用示范工程；北京市绿色安全工地；第四批全国建筑业绿色施工示范工程等荣誉，工程于2015年3月9日顺利完成竣工验收，并于2017年荣获2016~2017年度中国建筑工程鲁班奖（国家优质工程）。

《中国建设监理与咨询》征稿启事

《中国建设监理与咨询》是中国建设监理协会与中国建筑工业出版社合作出版的连续出版物，侧重于监理与咨询的理论探讨、政策研究、技术创新、学术研究和经验推介，为广大监理企业和从业者提供信息交流的平台，宣传推广优秀企业和项目。

一、栏目设置：政策法规、行业动态、人物专访、监理论坛、项目管理与咨询、创新与研究、企业文化、人才培养等。

二、投稿邮箱：zgjsjlxh@163.com，投稿时请务必注明联系电话和邮寄地址等内容。

三、投稿须知：

1. 来稿要求原创，主题明确、观点新颖、内容真实、论据可靠；图表规范、数据准确、文字简练通顺，层次清晰、标点符号规范。

2. 作者确保稿件的原创性，不一稿多投、不涉及保密、署名无争议，文责自负。本编辑部有权作内容层次、语言文字和编辑规范方面的删改。如不同意删改，请在投稿时特别说明。请作者自留底稿，恕不退稿。

3. 来稿按以下顺序表述：①题名；②作者（含合作者）姓名、单位；③摘要（300字以内）；④关键词（2~5个）；⑤正文；⑥参考文献。

4. 来稿以4000~6000字为宜，建议提供与文章内容相关的图片（JPG格式）。

5. 来稿经录用刊载后，即免费赠送作者当期《中国建设监理与咨询》一本。

本征稿启事长期有效，欢迎广大监理工作者和研究者积极投稿！

欢迎订阅《中国建设监理与咨询》

《中国建设监理与咨询》面向各级建设主管部门和监理企业的管理者和从业者，面向国内高校相关专业的专家学者和学生，以及其他关心我国监理事业改革和发展的人士。

《中国建设监理与咨询》内容主要包括监理相关法律法规及政策解读；监理企业管理发展经验介绍和人才培养等热点、难点问题研讨；各类工程项目管理经验交流；监理理论研究及前沿技术介绍等。

《中国建设监理与咨询》征订单回执（2020年）

订阅人信息	单位名称				
	详细地址			邮编	
	收件人			联系电话	
出版物信息	全年（6）期	每期（35）元	全年（210）元/套（含邮寄费用）	付款方式	银行汇款
订阅信息					
订阅自2020年1月至2020年12月，＿＿＿＿套（共计6期/年）			付款金额合计￥＿＿＿＿＿＿元。		
发票信息					
□开具发票（电子发票由此地址 absbook@126.com 发出） 发票抬头：＿＿＿＿＿＿ 纳税人识别号：＿＿＿＿＿＿ 发票类型：一般增值税发票 接收电子发票邮箱：					
付款方式：请汇至“中国建筑书店有限责任公司”					
银行汇款 □ 户　名：中国建筑书店有限责任公司 开户行：中国建设银行北京甘家口支行 账　号：1100 1085 6000 5300 6825					

备注：为便于我们更好地为您服务，以上资料请您详细填写。汇款时请注明征订《中国建设监理与咨询》并请将征订单回执与汇款底单一并传真或发邮件至中国建设监理协会信息部，传真010-68346832，邮箱zgjsjlxh@163.com。

联系人：中国建设监理协会　王月、刘基建，电话：010-68346832

中国建筑工业出版社　焦阳，电话：010-58337250

中国建筑书店　王建国、赵淑琴，电话：010-68344573（发票咨询）

《中国建设监理与咨询》协办单位

北京市建设监理协会
会长：李伟

中国铁道工程建设协会
副秘书长兼监理委员会主任：麻京生

中国建设监理协会机械分会
会长：李明安

京兴国际工程管理有限公司
执行董事兼总经理：陈志平

北京兴电国际工程管理有限公司
董事长兼总经理：张铁明

北京五环国际工程管理有限公司
总经理：汪成

中国水利水电建设工程咨询北京有限公司
总经理：孙晓博

鑫诚建设监理咨询有限公司
董事长：严弟勇　总经理：张国明

北京希达工程管理咨询有限公司
总经理：黄强

中船重工海鑫工程管理（北京）有限公司
总经理：姜艳秋

中咨工程建设监理有限公司
总经理：鲁静

北京赛瑞斯国际工程咨询有限公司
总经理：曹雪松

中核工程咨询有限公司
董事长：唐景宇

天津市建设监理协会
理事长：郑立鑫

河北省建筑市场发展研究会
会长：蒋满科

山西省建设监理协会
会长：苏锁成

山西省煤炭建设监理有限公司
总经理：苏锁成

山西省建设监理有限公司
名誉董事长：田哲远

山西协诚建设工程项目管理有限公司
董事长：高保庆

山西煤炭建设监理咨询有限公司
执行董事、经理：陈怀耀

华电和祥工程咨询有限公司
党委书记、执行董事：赵羽斌

太原理工大成工程有限公司
董事长：周晋华

山西震益工程建设监理有限公司
董事长：黄官狮

山西神剑建设监理有限公司
董事长：林群

山西省水利水电工程建设监理有限公司
董事长：常民生

晋中市正元建设监理有限公司
执行董事兼总经理：李志涌

陕西中建西北工程监理有限责任公司
总经理：张宏利

中泰正信工程管理咨询有限公司
总经理：董殿江

吉林梦溪工程管理有限公司
总经理：张惠兵

沈阳市工程监理咨询有限公司
董事长：王光友

大保建设管理有限公司
董事长：张建东　总经理：肖健

上海市建设工程咨询行业协会
会长：夏冰

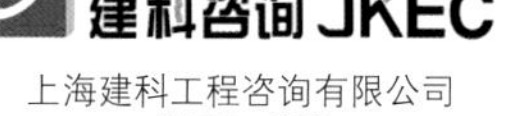

上海建科工程咨询有限公司
总经理：张强

上海振华工程咨询有限公司
总经理：梁耀嘉

上海市建设工程监理咨询有限公司
董事长兼总经理：龚花强

上海同济工程咨询有限公司
董事总经理：杨卫东

青岛信达工程管理有限公司
董事长：陈辉刚　总经理：薛金涛

山东胜利建设监理股份有限公司
董事长兼总经理：艾万发

江苏誉达工程项目管理有限公司
董事长：李泉

江苏建科建设监理有限公司
董事长：陈贵　总经理：吕所章

LCPM

连云港市建设监理有限公司
董事长兼总经理：谢永庆

江苏赛华建设监理有限公司
董事长：王成武

江苏中源工程管理股份有限公司
总裁：丁先喜

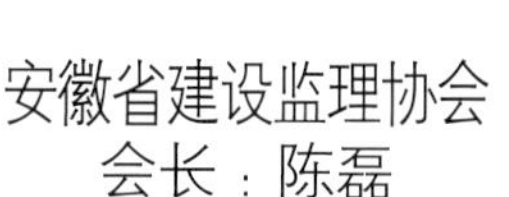

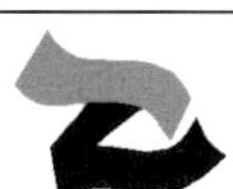

合肥工大建设监理有限责任公司
总经理：王章虎

浙江江南工程管理股份有限公司
董事长总经理：李建军

浙江华东工程咨询有限公司
董事长：叶锦锋　总经理：吕勇

浙江嘉宇工程管理有限公司
董事长：张建　总经理：卢甬

浙江求是工程咨询监理有限公司
董事长：晏海军

甘肃省建设监理有限责任公司
董事长：魏和中

福州市建设监理协会
理事长：饶舜

厦门海投建设监理咨询有限公司
法定代表人：蔡元发　总经理：白皓

《中国建设监理与咨询》协办单位

驿涛项目管理有限公司 董事长：叶华阳	业达建设管理有限公司 总经理：倪莉莉	河南省建设监理协会 会长：陈海勤	建基工程咨询有限公司 副董事长：黄春晓
郑州中兴工程监理有限公司 执行董事兼总经理：李振文	河南建达工程建设监理公司 总经理：蒋晓东	河南清鸿建设咨询有限公司 董事长：贾铁军	中汽智达（洛阳）建设监理有限公司 董事长兼总经理：刘耀民
河南省光大建设管理有限公司 董事长：郭芳州	中元方工程咨询有限公司 董事长：张存钦	方大国际工程咨询股份有限公司 董事长：李宗峰	河南长城铁路工程建设咨询有限公司 董事长：朱泽州
河南兴平工程管理有限公司 董事长兼总经理：洪源	湖北省建设监理协会 会长：刘治栋	武汉华胜工程建设科技有限公司 董事长：汪成庆	湖南省建设监理协会 常务副会长兼秘书长：屠名瑚
甘肃经纬建设监理咨询有限责任公司 董事长：薛明利	湖南长顺项目管理有限公司 董事长：潘祥明　总经理：黄劲松	广东省建设监理协会 会长：邓强	广州市建设监理行业协会 会长：肖学红
深圳市监理工程师协会 会长：方向辉	广东工程建设监理有限公司 总经理：毕德峰	广州广骏工程监理有限公司 总经理：施永强	广西大通建设监理咨询管理有限公司 董事长：莫细喜　总经理：甘耀域
重庆市建设监理协会 会长：雷开贵	重庆赛迪工程咨询有限公司 董事长兼总经理：冉鹏	重庆联盛建设项目管理有限公司 总经理：雷开贵	重庆华兴工程咨询有限公司 董事长：胡明健
重庆正信建设监理有限公司 董事长：程辉汉	重庆林鸥监理咨询有限公司 总经理：肖波	林同棪（重庆）国际工程技术有限公司 总经理：祝龙	四川二滩国际工程咨询有限责任公司 董事长：郑家祥
中国华西工程设计建设有限公司 董事长：周华	云南省建设监理协会 会长：杨丽	云南新迪建设咨询监理有限公司 董事长兼总经理：杨丽	云南国开建设监理咨询有限公司 董事长兼总经理：黄平
贵州省建设监理协会 会长：杨国华	贵州建工监理咨询有限公司 总经理：张勤	贵州三维工程建设监理咨询有限公司 董事长：付涛　总经理：王伟星	西安高新建设监理有限责任公司 董事长兼总经理：范中东
西安铁一院工程咨询监理有限责任公司 总经理：杨南辉	西安普迈项目管理有限公司 董事长：李三虎	西安四方建设监理有限责任公司 总经理：杜鹏宇	华春建设工程项目管理有限责任公司 董事长：王勇
陕西华茂建设监理咨询有限公司 总经理：阎平	新疆昆仑工程咨询管理集团有限公司 总经理：曹志勇		

中国水利水电建设工程咨询北京有限公司

中国水利水电建设工程咨询北京有限公司，成立于1985年，隶属于中国电建集团北京勘测设计研究院有限公司，是全国首批工程监理试点单位之一。具有监理单位资质，包括：住建部批准的水利水电工程监理甲级、房屋建筑工程监理甲级、电力工程监理甲级、市政公用工程监理甲级；北京市批准的公路工程监理乙级、机电安装工程监理乙级；水利部批准的水利工程施工监理甲级、机电及金属结构设备制造监理甲级、水土保持工程监理甲级、环境保护监理（不分级）；国家人防办批准的人民防空工程甲级。公司通过了质量、环境与职业健康安全管理体系认证。

公司业绩遍布国内30个省区及10多个海外国家地区，承担了国内外水利水电、房屋建筑、市政公用、风力发电、光伏发电、公路、移民、水土保持、环境保护、机电和金属结构制造工程监理500余项，参与工程技术咨询项目200余项，大中型常规水电站和抽水蓄能电站的监理水平在国内领先。所监理工程项目荣获鲁班奖、国家级优质工程奖17项，省市级优质工程奖27项，中国优秀工程咨询成果奖1项。

公司重视技术总结和创新，参编了《水电水利工程施工监理规范》，编制了《电力建设工程施工监理安全管理规程》等10多项行业和企业标准。BIM技术在监理项目应用日益完善，近年来员工发表论文近百篇，荣获国家级QC小组奖30多项。

公司坚持诚信经营，被北京市监理协会连续评定为诚信监理企业，中国水利工程协会和北京市水务局评定为AAA级信用监理企业。荣获了“中国建设监理创新发展20年工程监理先进企业”“共创鲁班奖工程监理企业”“全国优秀水利企业”“全国青年文明号”“北京市建设监理行业优秀监理单位”等多项荣誉称号，为国家建设监理行业发展作出了应有贡献。

企业精神：务实　创新　担当

经营理念：诚信卓越 合作共赢

地　址：北京市朝阳区定福庄西街1号
邮　编：100024
电　话：010-51972122
传　真：010-65767034
网　址：bcc.bhidi.com
邮　箱：bcc1985@sina.com

青海公伯峡水电站（鲁班奖、国家优质工程金奖工程）

江苏宜兴抽水蓄能电站（鲁班奖工程）地下厂房

山东泰安抽水蓄能电站（鲁班奖工程）上水库

安徽响水涧抽水蓄能电站（国家优质工程）

国家优质工程金质奖工程

北京－八达岭高速公路潭峪沟隧道（鲁班奖工程）

南水北调中线高邑至元氏段输水渠（水利部重点工程）

水规总院勘测设计科研楼（鲁班奖工程）

郑州水工机械厂

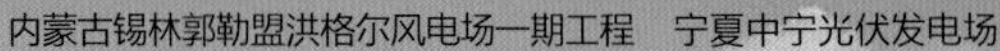

内蒙古锡林郭勒盟洪格尔风电场一期工程

宁夏中宁光伏发电场

西安交通大学科技创新港科创基地

西部飞机维修基地创新服务中心（鲁班奖）

环球西安中心

西安火车站北广场

西安行政中心

西安高新建设监理有限责任公司

西安高新建设监理有限责任公司成立于 2001 年 3 月，是提供全过程工程管理和技术服务的综合性工程咨询企业。企业经过近 20 年的发展，现有员工近 500 人，其中，各类国家注册工程师约 150 人，具有工程监理综合资质，为中国建设监理协会理事单位、副会长单位。高新监理已成长为行业知名、区域领先的工程咨询企业。

公司始终坚持实施科学化、规范化、标准化管理，以直营模式和创新思维确保工作质量，全面致力于为客户提供卓越工程技术咨询服务。凭借先进的理念、科学的管理和优良的服务水平，企业得到了社会各界和众多客户的广泛认同，并先后荣获国家住建部“全国工程质量管理优秀企业”，国家、省、市先进工程监理企业，全国建设监理创新发展 20 年工程监理先进企业等荣誉称号，30 多个项目分获中国建筑工程鲁班奖、国家优质工程奖、全国市政金杯示范工程奖以及其他省部级奖项。

目前，高新监理正处于由区域性品牌迈向全国知名企业的关键发展时期。公司将继续深化企业标准化建设、信息化建设、学习型组织建设和品牌建设，锻造向上文化，勇担社会责任，为创建全国一流监理企业而努力奋进。

地　址：陕西省西安市高新区丈八五路 43 号高科尚都・ONE 尚城 A 座 15 层
邮　编：710077
电　话：029-81138676　81113530
传　真：029-81138876

西安绿地中心

福州市建设监理协会

福州市建设监理协会成立于1998年7月，是经福州市民政局核准注册登记的非营利社会法人单位，接受福州市城乡建设委员会的业务指导和福州市民政局的监督管理。协会会员由福州市从事工程监理工作单位和个人组成，现有会员161家。

协会认真贯彻党的十九大精神，以马克思列宁主义、毛泽东思想、邓小平理论、“三个代表”重要思想、科学发展观、习近平新时代中国特色社会主义思想为指导，遵守宪法、法律、法规，遵守社会公德和职业道德，贯彻执行国家的有关方针政策，维护会员的合法权益，及时向政府有关部门反映会员的要求和意见，热情为会员服务，引导会员遵循“守法、公平、独立、诚信、科学”的职业准则，维护开放、竞争、有序的监理市场，同心同德为海峡两岸经济区建设作出新的贡献。

协会下设秘书处、检测专业委员会、咨询委员会和自律委员会，主要开展的工作包括：

（一）宣传和贯彻工程建设监理方面的法律、法规，规章和规范、标准等。监督实施本协会的会员公约。

（二）开展工程建设监理行业管理，接受政府建设主管部门的委托办理工程建设等相关工作，承担政府购买服务的工作。

（三）开展建设监理知识的普及和监理人员的培训与继续再教育工作。

（四）开展在榕监理工作的检查及评比活动，推进企业信用体系建设。

（五）办好协会网站，提供相关建设监理的政策、行业动态等信息，逐步完善人才资源、监理业绩、信用档案等资料库，更好地为从业人员、企业和社会服务。

（六）开展建设监理的咨询服务，组织会员单位的专家对工程建设监理工作进行评议或评价。

（七）深入开展行业调查研究，积极向政府相关部门反映行业、会员诉求，提出行业发展等方面的意见和建议，完善行业管理，促进行业发展。

地　址：福州市鼓楼区梁厝路95号仁文大儒世家依山苑1座101室
邮　编：350002
电　话：0591-83706715
传　真：0591-86292931
邮　箱：fzjsjl@126.com
网　址：www.fzjsjl.org

福州弘信工程监理有限公司监理的福州火车北站南广场综合交通枢纽工程项目位于福州火车北站南广场，面向城市核心区，南临站前路，西靠站西路，东达沁园支路，北接火车站。项目总用地面积约4.75公顷，总建筑面积约16.43万平方米，总投资约20.88亿元。它的建设对于增强福州市的城市辐射力、提升福州市在全国铁路网中的地位、促进城市的发展、缓解城市交通压力以及确保轨道交通工程如期建成和运营具有决定性的意义。

闽江学院新华都商学院大楼位于闽侯县上街镇文贤路1号闽江学院校区内，总建筑面积约27490m^2，总投资约8000万元人民币；福州市建设工程管理有限公司承担监理工作，并荣获2014 ~ 2015年度中国建设工程鲁班奖（国家优质工程）。

福建海川工程监理有限公司监理的厦航福州分公司长乐基地飞机维修库工程，总建筑面积35800m^2（其中机库约12000m^2，最大跨度120m），工程总投资达1.96亿元，是厦航第一个按照787飞机维修需要进行设计的机库。钢结构工程设计方案采取的是120m × 80m，钢结构单跨跨度为华东地区第一，工程建成后的规模将成为华东第二大机库。项目荣获2015年中国钢结构金奖（国家优质工程）。

2017 年社会组织等级评估 5A 级

2017 年十佳社会组织

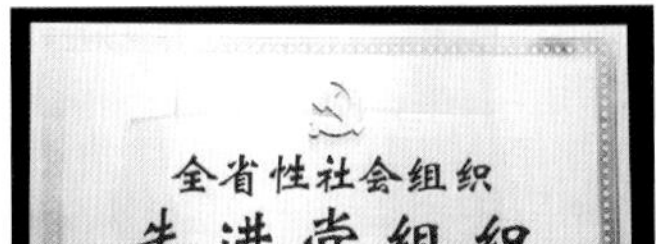

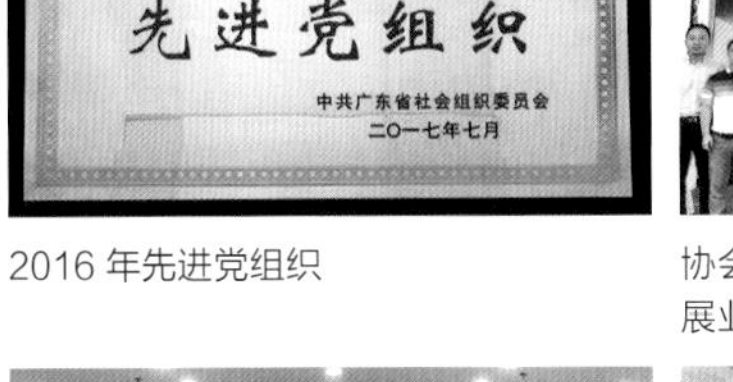

2016 年先进党组织

协会组团参加监理行业转型升级创新发展业务辅导活动

“装配式建筑工程监理规范”课题研究座谈会

“绿色生态智慧城市建设”经验交流沙龙

2019 年“安全月”活动专题讲座

2019 年“质量月”活动工程观摩会

协会走访惠州会员座谈会

协会赴贵州罗甸县边阳镇助力精准扶贫

粤港建造业 2018 年会

协会组团参加香港第四届“一带一路”高峰论坛

广东省建设监理协会

GDJLXH

一、协会基本情况

广东省建设监理协会成立于 2001 年 7 月 18 日，是由从事工程建设监理及相关服务业务的个人、单位及其团体组织自愿结成的地方性、专业性的非营利性社会组织。

二、协会的宗旨

提供服务、反映诉求、规范行为

三、协会的业务范围

（一）宣传、贯彻、执行国家关于建设监理及相关服务的方针、政策；组织研究建设监理的理论、方针、政策；协助省建设行政主管部门编制建设监理及相关服务的有关法规、制度、准则等，宣传建设监理工作。

（二）承担省建设行政主管部门委托的关于建设监理及相关服务等方面的工作。

（三）针对监理行业反映强烈的问题，开展调查研究工作，定期向省建设行政主管部门提供监理行业的动态信息，维护会员的合法权益，反映会员单位的意见和建议。

（四）开展提高会员素质和管理水平的活动。组织编辑《广东建设监理》刊物，编写、制作、发放相关书刊、音像资料；组织研究、开发、推广相关应用软件；组织举办相应培训班、研讨班和经验交流活动；建立专业网站，发布市场信息，为会员单位提供交流平台，为会员单位提供技术咨询、信息服务。

（五）接受与本行业利益有关的决策论证咨询，维护会员的合法权益，依法开展广东省监理会员内诚信评选活动。

（六）引导会员开拓国内外监理业务。组织会员赴国外开展监理及相关服务业务的考察活动。

（七）加强同省外、国外同类行业协会和企业的联系与沟通，开展与省外、国外同行业交流、合作、培训和学术研究等活动。

（八）加强会员和行业自律，制定行业自律公约，促进会员诚信经营；加强个人诚信管理，维护会员和市场公平竞争。

四、协会单位会员数量

截至 2019 年 6 月，单位会员数量 484 家，遍布广东省 21 个地级市，占全省建设工程监理企业 90% 以上。

五、协会秘书处

协会常设机构为秘书处，分 3 个部门：咨询培训部、行业发展部和综合事务部。秘书长主持秘书处的日常工作，秘书长 1 人，协会专职工作人员 12 人，共有 13 人，其中国家注册监理工程师有 2 人，高级工程师有 3 人，中级职称有 7 人。

六、协会荣誉

中国建设监理协会副会长单位

广东省社会组织总会副会长单位

广东省粤港澳合作促进会常务理事单位

2010 年、2016 年在广东省社会组织等级评估荣获 5A 等级

2013 年被评为广东省民政厅指定行业自律和诚信建设示范单位

2014~2016 年协会党支部连续三年荣获广东省民政厅颁发的先进党支部。

协会荣获广东省社会组织总会“2016 年度优秀社会组织”、“2017 年度十佳社会组织”；孙成会长荣获“2016 年度十佳社会组织会长”；李薇娜秘书长荣获“2016 年度优秀社会组织秘书长”“2018 年度十佳社会组织秘书长”。

七、协会宣传平台

（一）广东省建设监理协会网站 & 协会培训管理系统。协会打造了集网站、OA 办公、监理从业人员培训和会员信息管理一体的信息管理平台，加强行业交流与管理。

（二）《广东建设监理》双月刊。

（三）广东省建设监理协会微信公众号。

协会接受广东省民政厅的监督管理及广东省住房与城乡建设厅的业务指导。

吉林梦溪工程管理有限公司

吉林梦溪工程管理有限公司是中国石油集团东北炼化工程有限公司全资子公司。前身为吉林工程建设监理公司，成立于1992年，是中国最早组建的监理企业之一。

公司拥有工程监理综合资质和设备监造甲级资质，形成了以工程项目管理为主，以工程监理为核心，带动设备监造等其他板块快速发展的“三足鼎立”的业务格局。同时，公司招标代理资质于2014年9月经吉林省住房和城乡建设厅核准为工程招标代理机构暂定级资质。

公司市场基本覆盖了中石油炼化板块各地区石化公司，并遍及中外石油化工、煤化工、冶金化工、粮食加工、军工等国有大型企业集团，形成了项目管理、油田地面项目、管道项目、炼化项目、国际项目、煤化工项目、油品储备项目、检修项目、设备监造项目、市政项目等十大业务板块。

公司市场遍布全国25个省市，70多个城市，并走出国门。

公司迄今共承担项目1100余项，项目投资2000多亿元，公司共荣获7项国家级和56项省部级优质工程奖。

公司先后荣获全国先进工程建设监理单位、中国集团公司工程建设优秀企业、吉林省质量管理先进企业、中国建设监理创新发展20年工程监理先进企业等荣誉称号。

公司拥有配备齐全的专业技术人员和复合型管理人员构成的高素质人才队伍。拥有专业技术人员900余人，其中具有中高级专业技术职称人员447人，持有国家级各类执业资格证书的273人，持有省级、行业各类执业资格证书的882人，涉及工艺、机械设备、自动化仪表、电气、无损检测、给排水、采暖通风、测量、道路桥梁、工业与民用建筑以及设计管理、采购管理、投资管理等十几个专业。

公司掌握了科学的项目管理技术和方法，拥有完善的项目管理体系文件，先进的项目管理软件，自主研发了具有企业特色的项目管理、工程监理、设备监理工作指导文件，建立了内容丰富的信息数据库，能够实现工程项目管理的科学化、信息化和标准化。

公司秉承“以真诚服务取信，靠科学管理发展”的经营宗旨，坚持以石油化工为基础，跨行业、多领域经营，正在向着国内一流的工程项目管理公司迈进。

公司坚持以人为本，以特色企业文化促进企业和员工共同发展，通过完善薪酬分配政策、实施员工福利康健计划等，不断强化企业的幸福健康文化，大大增强了企业的凝聚力和向心力，公司涌现出了以中国监理大师王庆国为代表的国家级、中油级、省市级先进典型80余人次，彰显了梦溪品牌的价值。

中国石油四川石化千万吨炼化一体化工程项目

新疆独山子千万吨炼油及百万吨乙烯项目

神华包头煤化工有限公司煤制烯烃分离装置

辽宁华锦化工集团乙烯原料改扩建工程

中石油广西石化千万吨炼油项目

湖南销售公司长沙油库项目

尼日尔津德尔炼厂全景

澜沧江三管中缅油气管道及云南成品油管道工程

吉化24万吨污水处理场

吉林石化数据中心

吉林经济开发区道路

山西煤炭建设监理咨询有限公司

SHANXI COAL DEVELOPMENT SUPERVISION&CONSULTANCY CO.,LTD

山西煤炭建设监理咨询有限公司（以下简称公司），隶属于晋能集团有限公司，是国有独资企业，注册资金1765万元人民币，其前身是成立于1991年4月的山西煤炭建设监理咨询公司，地址为山西省太原市小店区南内环街98-2号（财富国际大厦11层）。

公司具有矿山、房屋建筑、市政公用、电力工程监理甲级资质，拥有公路、化工石油工程监理乙级资质，人防工程监理丙级资质。经营范围包括工程建设监理及相应类别建设工程的项目管理、技术咨询，建设项目环境监理、招标代理、工程造价咨询。执业范围涵盖矿山、房屋建筑、市政、电力、公路、化工石油等多个工程类别。

公司设有综合办公室、党群工作部、计划财务部、安全质量管理中心、市场开发部、招标部6个职能部门。现有员工473人，其中国家注册监理工程师50人、国家注册造价工程师5人、国家注册安全工程师3人、国家注册一级建造师8人、国家注册设备监理师15人。

公司承接完成和在建的矿山、房屋建筑工程，以及市政、公路、铁路等项目工程700余项，积累了丰富的监理业绩和经验，监理项目投资额累计达到2000多亿元，所监理项目工程的合同履约率达100%，未发生监理责任事故。

重大项目和重点工程有：矿山工程项目——山西焦煤集团杜儿坪矿（350万吨/年）、沙坪煤矿矿井（400万吨/年）、沁东能源有限公司东大矿井（500万吨/年）、潞安古城矿井（800万吨/年）；房建项目——万景源房地产公司万景嘉苑建设项目、国信文旅房地产公司国信山水间丽景养生小镇一期工程、太原富力盛达房地产公司富力金禧城工程、山西国际电力集团国际金融中心2号楼室内装修工程；招标代理项目——晋能光伏技术有限责任公司年产720 MW单晶PERC太阳能电池及组件项目二期360 MW项目设备采购、万景源房地产公司万景嘉苑项目一期消防工程；项目管理项目——新疆阿里地区革吉县市政工程综合管理项目、山西国际电力集团国际金融中心2号楼室内装修工程。

公司自成立以来，严格按照国家、行业及省有关工程建设的法律法规，秉持“干一项工程、树一座丰碑、交一方朋友、赢一片市场”的发展理念，坚持“崇尚安全、敬畏生命、行为规范、自主保安”的安全理念，贯彻“规范监理、高效优质、持续改进、业主满意”的质量方针和“以人为本、和谐有序、保护环境、诚信守法”的环境/职业健康安全方针。把工作质量摆在首位，为加快工程建设速度、提高工程建设质量和水平发挥了积极的作用。

公司先后4次获得全国建设监理先进单位，19次获得山西省工程监理先进企业，8次获得煤炭行业优秀监理企业。公司所监理的工程中，5项工程荣获中国建筑工程“鲁班奖（国家优质工程）”奖项、32项工程荣获中国煤炭行业优质工程奖和“太阳杯”奖。

地　址：山西省太原市南内环街98-2号（财富国际大厦11层）
电　话：0351-7896606
传　真：0351-7896660
联系人：杨慧
邮　编：030012
邮　箱：sxmtjlzx@163.com

方山电厂工程

富力金禧城项目

焦煤集团晋兴能源斜沟煤矿工程

晋煤赵庄煤矿工程

晋能清洁能源天镇光伏发电工程

同煤集团办公大楼广场工程

介休市人民法院工程

晋城大医院工程

潞安李村煤矿工程

融创外滩壹号项目

太原第一热电厂六期扩建 2×300MW 机组工程监理（鲁班奖）

武乡和信电厂 2×600MW 燃煤直接空冷机组工程项目管理承包

华润宁夏海原西华山 300MW 风电工程监理（国家优质工程奖）

晋城 500kV 变电站工程监理（中国电力优质工程银质奖）

印尼巴厘岛一期 3×142MW 燃煤电厂工程监理

云南以礼河四级电站复建工程监理

华电大同左云县秦家山 100MWp 光伏发电工程监理

华电山西盐湖石槽沟 90MW 风电工程项目管理

金沙江上游苏洼龙水电 1200MW 机组工程监理

江苏华电戚墅堰 F 级 2×475MW 燃机二期扩建工程监理（国家优质工程奖）

华电和祥工程咨询有限公司

华电和祥工程咨询有限公司（简称“华电和祥”）（原名为山西和祥建通工程项目管理有限公司）成立于 1994 年，是华电集团旗下唯一具有“双甲”资质（电力工程、房屋建筑工程）的监理企业，同时还具备水利水电工程乙级、市政工程乙级、人防监理乙级和招标代理乙级、电力施工总承包三级以及工程项目管理资质。主营业务有工程监理、项目管理、工程总承包、招标代理、电厂检修维护及相关技术服务。

公司现为中国建设监理协会、中国电力建设企业协会、山西省招投标协会、山西省建筑业协会、太原市建设监理协会会员单位，山西省建设监理协会副会长单位，企业信用评价 AAA 级企业。

公司的业务范围涉及电力、新能源、水利水电、房屋建筑、市政、人防、造价咨询等多个专业领域，迄今为止共监理 300MW 等级以上火电项目 42 项，总装机容量 2720 万千瓦；风光发电等新能源项目 56 项；电网项目 434 项，变电容量 5800 万千伏安，输电线路 18000km；工业与民用建筑项目 63 个，建筑总面积 253 万平方米。招标代理总标的额逾 16 亿元。

公司以丰富的项目管理和工程监理经验，完善的项目管理体系，成熟的项目管理团队和长期的品牌积累，构成了华电和祥独特的综合服务优势，创造了业内多项第一。多项工程先后荣获中国建设工程鲁班奖 2 项，国家优质工程奖 8 项，中国电力优质工程及省部级质量奖项 30 项。

华电和祥是全国第一家监理了 60 万千瓦超临界直接空冷机组、30 万千瓦直接空冷供热机组、20 万千瓦间接空冷机组，第一家监理了 1000kV 特高压输电线路设计、煤层气发电项目、垃圾焚烧发电项目、煤基油综合利用发电项目、燃气轮机空冷发电项目的监理公司，也是首批实现了监理向工程项目管理转型的企业。

公司连续 21 年被评为“山西省建设监理先进单位”。2008 年获得“三晋工程监理企业 20 强”荣誉称号、“第十届全国建筑施工企业优秀单位”；2010 年获得“全国先进工程监理企业”；2014 年获得“中国建设监理行业先进监理企业”；2015 年获得“华电集团文明单位”；2016 年获得“三晋监理二十强”“全国电力建设诚信典型企业”称号；2017 年获得“全国电力建设优秀监理企业”；2018 年获得“全国电力建设优秀监理企业”“2018 年山西省直文明单位”“山西省五四红旗团委”称号。

回顾过去，企业在开拓中发展，在发展中壮大，曾经创造过辉煌；放眼未来，面对新的机遇和挑战，企业将迈入一个全新的跨越式战略发展阶段。公司将以习近平新时代中国特色社会主义思想和党的十九大精神为指导，以华电旗帜为引领，以加强改进服务、培养锤炼人才为主攻方向，以扩大公司经营规模为目标，加大市场开发力度，加快推进转型发展，提升管理创新能力，加快引进人才培养，实现公司工程管理服务能力的整体跃升，努力成为可信赖的工程咨询管理专家而奋斗。

地　址：山西综改示范区太原学府园区产业路 5 号
邮　编：030006
E-mail：chdhx-hxzx@chd.com.cn

DC 太原理工大成工程有限公司

太原理工大成工程有限公司成立于2009年，隶属于全国“双一流”重点院校——太原理工大学，是山西太原理工资产经营管理有限公司全额独资企业，其前身是1991成立的太原工业大学建设监理公司。

公司拥有自己的知识产权，科技人才荟萃，装备实力雄厚，在工程领域具有丰富的实践经验。公司具有房屋建筑工程、冶炼工程、化工石油工程、电力工程、市政公用工程、机电安装工程、地质灾害防治工程甲级监理资质和人防工程乙级监理资质。公司现有注册监理工程师105人，注册造价工程师14人，注册一级建造师15人，工程咨询师5人，注册化工工程师3人。

公司依托太原理工大学“煤炭绿色清洁高效开发利用”学科群的科技资源优势，坚持高校服务地方和产学研一体化的发展道路，主动适应山西资源型经济转型发展的新需求，研发出具有自主知识产权的“煤基创新型高新技术材料产业化成果”，并先后与长治高新区、中国安华集团签订了推广应用该项产业化技术成果的战略合作意向书，构建“政产学研用”合作平台，成立了“山西安华太工煤基产业技术研究院有限公司”，并通过规划建设煤基新材料产业化示范项目，为山西省煤炭高效清洁利用、顺应新一轮科技革命和产业变革提供有效的解决方案，实现煤炭利用由燃料、原料向材料转变，打造装备制造产业链集群，争当全国煤炭清洁高效利用的排头兵。

公司建立、实施、保持和持续改进质量、环境和职业健康安全一体化管理体系。二十多年以来承接工程监理业务1800余项，荣获国家（部）级大奖7项（鲁班奖2项、国家优质工程奖2项、全国市政金杯奖1项、国家化学工程优质奖1项、全国建筑工程装饰奖1项）、省级工程奖数十项、市县级奖百余项，被评为“三晋监理二十强”，连年荣获“山西省工程监理先进企业”“监理理论研究优秀单位”“监理企业优秀网站”“监理企业优秀内刊”等荣誉称号，创造了“太工大成”的知名品牌。

公司奉行“业主至上，信誉第一，认真严谨，信守合同”的经营宗旨，“严谨、务实、团结、创新”的企业精神，“创建经营型、学习型、家园型企业，实现员工和企业共同进步、共同发展”的发展理念，“以人为本、规范管理、开拓创新、合作共赢”的管理理念，竭诚为顾客服务，让满意的员工创造满意的产品，为社会的稳定和可持续发展作出积极的贡献。

背景：大同市中医医院御东新院工程（国家优质工程奖）

并州饭店维修改造工程（中国建设工程鲁班奖）

山西省博物馆（中国建设工程鲁班奖）

山西交通职业技术学院新校区建设实验楼（国家优质工程奖）

山西国际贸易中心（山西省优良工程、汾水杯工程奖）

山西省委应急指挥中心暨公共设施配套服务项目（全国建筑工程装饰奖）

汾河景区南延伸段工程

太原理工大成工程有限公司：
荣获2017年度山西省工程监理
先进企业

荣誉证书
太原理工大成工程有限公司：
荣获2015年度山西省工程监理
先进企业

荣誉证书
太原理工大成工程有限公司：
荣获2016年度山西省工程监理
先进企业

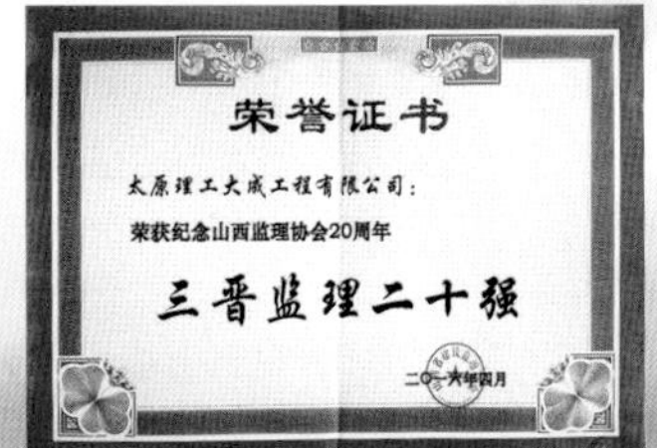

荣誉证书
太原理工大成工程有限公司：
荣获纪念山西监理协会20周年
三晋监理二十强

地　址：山西省太原市万柏林区迎泽西大街79号路桥馆
邮　编：030024
电　话：0351-6010640 6010783 6018737
传　真：0351-6010640-800
网　址：www.tylgdc.com
E-mail：tylgdc@.163.com